食用菌生产技术研究与应用系列

灵芝生产技术与应用

丛书主编　张志军

编著　罗莹　张志军　李淑芳

天津出版传媒集团

天津科技翻译出版有限公司

图书在版编目(CIP)数据

灵芝生产技术与应用 / 罗莹，张志军，李淑芳编著 . 天津：天津科技翻译出版有限公司，2025. 3. -- (食用菌生产技术研究与应用系列 / 张志军主编). -- ISBN 978-7-5433-4655-0

Ⅰ. S567.3

中国国家版本馆 CIP 数据核字第 2025BQ6794 号

灵芝生产技术与应用

LINGZHI SHENGCHAN JISHU YU YINGYONG

出　　版:天津科技翻译出版有限公司
出 版 人:方　艳
地　　址:天津市和平区西康路 35 号
邮政编码:300151
电　　话:022-87894896
传　　真:022-87895650
网　　址:www. tsttpc. com
印　　刷:天津新华印务有限公司
发　　行:全国新华书店
版本记录:880mm×1230mm　32 开本　9 印张　4 页彩插　200 千字
2025 年 3 月第 1 版　2025 年 3 月第 1 次印刷
定价:49.80 元

丛书编委会

前　言

灵芝在我国自古就有“仙草”的美誉,《神农本草经》中将灵芝列为上品药物,认为“久食,轻身不老,延年神仙”。明朝李时珍编著的《本草纲目》对灵芝功效的表述更为详细,书中记载:灵芝味苦,性平,无毒,益心气,活血,入心充血,助心充脉,安神,益肺气,补肝气,补中,增智慧,好颜色,利关节,坚筋骨,祛痰,健胃。现代医学证明,灵芝在治疗肝肾疾病、高血压、高血脂、神经衰弱、心血管疾病及抗肿瘤等方面,具有良好的临床疗效。同时灵芝还具有滋补保健、延年益寿的功效,可作为日常生活的保健滋补品。

我国灵芝人工生产始于清朝初年,目前较为盛行。短段木栽培生产灵芝是最先盛行的规模化生产方式。但段木栽培生产灵芝周期较长,并且需要大量的树木,易导致“菌林矛盾”。因此,从保护生态环境出发,代料栽培生产灵芝技术应运而生。常用的代料栽培生产方式为瓶栽和袋栽,从 20 世纪 80 年代推广以来得到快速发展。随后,又发展了深层发酵培养灵芝菌丝体和发酵液的技术,开发应用日益广泛。

灵芝在我国分布广泛,各地气候条件不同,灵芝的栽培方法也有差异,本书在编写过程中借鉴了各地不同的栽培技术,为读者提供全面的参考。本书共分为 5 章,从灵芝的生物学特性、灵芝菌种生产技术、灵芝栽培技术、灵芝的深层发酵技术、灵芝的营养价值及加工技术等方面进行介绍。本书内容通俗易懂,科学实用,可操作性强,适合于从事食用菌种植的企业、合作社、菇农及农业技术推广人员使用,也可供农业院校相关专业的师生参考。

本书的编写得到了天津市农业科学院农产品保鲜与加工技术研究所、天津市食用菌技术工程中心，以及天津市食用菌协会的领导、专家与同仁的大力支持和帮助，同时参考了食用菌同行的相关文献，在此一并表示衷心的感谢！

由于编者水平所限，书中难免有错漏之处，敬请广大读者批评指正。

编者

2024 年 6 月

目　　录

第一章　灵芝的生物学特性

灵芝属于真菌门，担子菌亚门，层菌纲，无隔担子菌亚纲，非褶菌目，灵芝科，灵芝属，别名灵芝草、神芝、芝草、仙草、木灵芝、红芝、赤芝、瑞草、万年蕈等，是多孔菌科植物赤芝和紫芝的全株。灵芝自古以来就被认为是吉祥、富贵、美好、长寿的象征，有"灵芝仙草"之美誉。两千年前东汉时期的《神农本草经》中将灵芝列为上品药物，认为"久食，轻身不老，延年神仙"。明朝李时珍编著的《本草纲目》对灵芝功效的表述更为详细，书中记载：灵芝味苦、性平，无毒，益心气，活血，入心充血，助心充脉，安神，益肺气，补肝气，补中，增智慧，好颜色，利关节，坚筋骨，祛痰，健胃。现代医学证明：灵芝的主要功效成分包括灵芝多糖、灵芝三萜、多肽和有机锗等数十种生化成分，能够调节和增强人体免疫力，对神经衰弱、风湿性关节炎、冠心病、高血压、肝炎、糖尿病、肿瘤等有良好的协同治疗作用。

2000 年版《中华人民共和国药典》收录了赤芝与紫芝的干燥子实体作为新增中药材品种，正式认可了灵芝药用方面的价值。由此，灵芝食药兼用得到初步肯定。此外，灵芝、穿心莲等 5 种药材被《美国草药药典》收录，表明中国人使用了 2000 多年的灵芝受到世界的认可。2001 年 3 月，国家卫生和计划生育委员会（现国家卫生健康委员会）公布了《关于印发真菌类和益生菌类保健食品评审规定》，其《真菌类保健食品评审规定》中将赤灵芝列入可用于保健食品的真菌菌种名单，也表示其保健养生的功效得到国家权威部门的认定。

一、灵芝在我国的分布

温度和湿度是影响灵芝生长和发育的最主要条件。灵芝属于中高温真菌，主要分布在亚洲、美洲、澳大利亚及非洲大陆热带和亚热带，少数分布在温带。我国是已知的灵芝科菌物种类及数量最丰富的国家，其分布情况及种类如下。

（一）热带和亚热带分布区

主要分布区包括我国海南、福建、广东、广西、云南、贵州、四川等省区。这些地区的气候特点是年平均气温较高，年均日温在 20 ℃以上，年降水量达 1000~2000 毫米，湿度大，适合许多喜温湿条件的种类生长。在此地区生长的植物有常绿与落叶混交林、常绿阔叶林、季风常绿阔叶林、季雨林及雨林等植被区系；在这些区系内生长的灵芝科菌类有喜热灵芝、海南灵芝、橡胶树舌、大圆灵芝、黄边灵芝、三角状树舌、光粗柄假芝、长柄鸡冠孢芝及咖啡网孢芝等种类，是我国灵芝类真菌分布最集中的地区，仅贵州、广西及云南三省地就有 80 余种，约占全国总数的 2/3 以上。

（二）温带分布区

主要分布区包括江苏淮河、湖北汉水以北及河南、安徽、陕西、甘肃、青海、新疆的南部、黄河流域，以及辽宁、吉林南部、内蒙古南部等地。这些地区的气候特点是年平均气温较低，年降水量为 600~800 毫米。这些地区的植被有温带针阔混交林、暖温带落叶阔叶林及针叶林等区系。生长在此区域内的灵芝科菌类有紫芝、灵芝、褐树舌、假芝、树舌等。在此类型中包含的种类不算多，已知有 25 种，但分布区域广阔，数量亦较多。单种数量较多的有灵芝及树舌，是我国的主要产区品种。

（三）低温分布区

主要分布区包括东北的北部及西北的北部地区，全年平均温度为0~4 ℃，年降水量为200~600毫米，植被为落叶林及针叶林带。在这种植物区系内生长的灵芝科菌类有松杉灵芝、树舌、蒙古树舌等，种类及数量皆较少。

在已知的种类中，有的灵芝科菌类可以适应我国南北各地的气候条件，树舌就是其代表种类。据调查，树舌分布在国内的27个省区；灵芝分布的省区也有19个。还有一些分布区域较小的灵芝类，如蒙古树舌只见于内蒙古及河北北部，伞状灵芝也仅分布于内蒙古及河北的局部地区内，假芝属的菌类主要分布在海南以及广西、广东、福建及云南地区。黄边灵芝、三角状树舌则是海南岛常见的灵芝菌类，且数量也多。

灵芝属的大多数种类是腐生在阔叶树的腐木上，如槭树属、杨属、赤杨属、栗属、山毛榉属、白蜡树属、洋槐属、栎属、柳属、榆属、茶属等。仅有少数种类对寄主有专一性，如闽南灵芝生长在松树的伐桩上，橡胶灵芝只生长在橡胶树属的植物上，热带灵芝只生长在豆科植物的相思树和合欢树上。树舌和灵芝则为兼生腐生的菌物，其菌丝既能生长在死树上也能寄生在活树上，但其子实体皆生在死树上。

灵芝科的菌物，多数是腐生于阔叶树上，也有些种类是兼生于阔叶树及针叶树上；只有少数种类只生长在针叶树上，如松杉灵芝是生长在落叶松属和铁杉属的树上。奇异灵芝生长在杨树的伐木桩上或树干基部，偶尔也生长在高大的活树的树干中上部。灵芝属的子实体也偶见生于地上；但基部的菌丝体必然生于地下腐木中。

二、灵芝的分类

中国古代许多典籍都有关于灵芝的记载，其中《太上灵宝芝草品》以图鉴的形式记载了127种芝,并且描述了每种芝的生存环境、形态、颜色、味道等。东晋葛洪的《抱朴子·仙药》中,把灵芝分为"五芝",记载了灵芝的生态习性、采集特点和药用价值。《神农本草经》根据中医阴阳五行学说,按五色将灵芝分为青芝(龙芝)、赤芝(丹芝)、黄芝(金芝)、白芝(玉芝)、黑芝(玄芝)五类,即称五芝。此外,附紫芝(木芝)。该书详细地描述了此六类灵芝的药性、气味和主治。指出:青芝"酸,平,无毒",可"明目""补肝气,安精魂,仁恕";赤芝"苦,平,无毒",主治"胸中结""益心气,补中,增智慧,不忘";黄芝"甘,平,无毒",主治"心腹五邪""益脾气,安神,忠信和乐";白芝"辛,平,无毒",主治"咳逆上气""益肺气,通利口鼻,强志意,勇悍,安魄";黑芝"咸,平,无毒",主治"癃""利水道,益肾气,通九窍,聪察";紫芝"甘,温(平),无毒",主治"耳聋""利关节、保神、益精气,坚筋骨,好颜色"。还强调此六种灵芝均可"久食轻身不老,延年神仙"。《神农本草经》中对灵芝的这些论述,被其后的历代医药学家奉为经典并引证,沿用至今。

灵芝虽然被古代的人们称为灵芝草或仙草,但其并不是一种植物。其与动物、植物、细菌虽然有一些相同的特征,但却有着许多明显的差异。灵芝其实是一种真菌,属于菌物界、真菌门。1881年芬兰植物学家卡尔斯特(Karsten)根据灵芝子实体的菌盖与菌柄具有光泽的特征而建立起灵芝属,灵芝则作为灵芝属唯一的模式种,学名Ganoderma lucidum(Leyss.ex. Fr)Karst。1889年,帕图利亚德(Patouillard)确立了灵芝属的概念,并将灵芝属分为两个组:灵芝组和假芝组,共包括48种。1933年当柯(Donk)等以孢子具有双层壁和疣刺为特征进一步肯定了灵芝属的分类,并于1948年依据灵芝属为基础建立了灵芝科,包括灵芝属和假芝属。1981年,朱利奇(Julich)建立起灵芝目,包括灵芝科(包括三个属)和鸡冠孢芝科(一个属)。自卡尔斯特建立灵芝属以来,至今已有130余年,在此期间,完善了灵芝类真菌的分类单位,发现了许多新种,从而使灵芝类在自然界中的地位更趋于自然化。

在国内,赵继鼎等(2000)在《中国真菌志》第18卷中采用的分类系统将灵芝科分为灵芝属、假芝属、鸡冠孢芝属、网孢芝属。灵芝属包括灵芝亚属、树舌灵芝亚属、粗皮灵芝亚属。灵芝亚属包括灵芝组、紫芝组。该分类系统正在被真菌分类学家们所接受。

(一)灵芝科真菌的特征

灵芝科真菌大多为1年生,少数为多年生。菌盖质地分为革质、木质和木栓质。菌盖大小差异很大。子实体最大的是树舌,直径可达1米以上;而最小的灵芝品种直径只有2~3厘米。菌盖形状有圆形、半圆形、马蹄形、漏斗形数种。菌盖表面有或无光泽,有或无辐射状的皱纹或环带。菌肉木材色、浅白色或褐色。子实体腹面有菌管,管孔内着生孢子。菌管每毫米4~6个。孢子卵形、壶形或椭圆形,孢子壁双层。菌丝在斜面培养基上贴生,早期呈浓密的白色,菌丝脆而嫩,菌丝表面分泌有白色的磷酸钙结晶。菌丝生长后期,表面菌丝逐渐纤维化,形成一层黄褐色的菌皮,非常坚韧。

(二)灵芝属真菌的特征

按照赵继鼎等(2000)的分类系统,灵芝科真菌属菌物界、真菌门、担子菌亚门、层菌纲、非褶菌目、灵芝科。灵芝种类很多,灵芝科真菌可分为灵芝属、假芝属、鸡冠孢芝属和网孢芝属。据记载,灵芝科真菌共有100多种,其中我国有85种。绝大多数灵芝归属于灵芝属与假芝属。下面介绍一下灵芝属和假芝属的特征。鸡冠孢芝属和网孢芝属由于所含灵芝种类较少,不太常见,其属的特征此处从略。

灵芝属:孢子脐突形,顶端平截,椭圆形到卵形,内壁有小刺到微具网状,孢子堆黄褐色到铁锈色。菌盖表面有或无棍棒状菌丝组成的栅栏状组织,具有皮壳。子实体不簇生。菌肉组织受伤后不变色。有些种类具有腹孢子。

假芝属：孢子有小刺到微具网状，椭圆形至近球形，孢子堆污褐紫色、污褐色、淡黄色、淡白色。菌盖表面有绒毛到光滑，外层具皮壳。有些种类子实体簇生，有些种类菌肉受伤后会由红变黑。

（三）灵芝属常见种的特征

1. 灵芝（赤芝、红芝）

即通常所称的灵芝，实指灵芝的子实体。菌丝近无色至褐色，有分枝，多弯曲，直径 1.5~6 微米，壁厚无隔膜，罕见锁状联合。子实体一年生，有柄、木栓质，菌盖肾形、半圆形、罕近圆形，有环状棱纹和辐射状皱纹，菌管长约 1 厘米，管口面初期呈白色，每毫米间有 4~5 个。菌柄近圆柱形，侧生或偏生，粗 2~4 厘米，长 10~19 厘米，表面与盖面同色，或呈紫红色至紫褐色。盖面黄褐色至红褐色，有时向外渐淡，盖缘为淡黄褐色，有同心环带和环沟，并有纵皱纹，表面有油漆状光泽；盖缘钝或锐，有时内卷。菌盖及菌柄有红褐色油漆样光泽，菌盖背面污白色、淡黄色，孢子卵形或顶端平截，孢子粉褐色或灰褐色；孢子呈淡褐色至黄褐色，内含一滴油，卵形，顶端常平截，双层壁，内孢壁淡褐色至黄褐色，有突起的小刺，外孢壁平滑，无色。该种生长期短，是我国当前进行人工栽培的最重要种类，在灵芝科中其药用功效也是研究最深的。生于阔叶树旁。目前除宁夏、新疆、青海、内蒙古外，其他省区均有分布记载。

2. 紫芝

其又称为紫灵芝、黑芝、中国灵芝、木芝。紫芝菌丝无色至深褐色，有分枝，直径 1.7~5.2 微米，无隔膜，也无锁状联合，壁较厚。子实体一年生，有柄，木栓质至木质，菌盖多数为半圆形至圆形、少数近圆形，具有环形同心棱纹和辐射状棱纹，表面紫黑色至近黑色、紫褐色，有油漆样光泽，菌肉锈褐色。菌管管口与菌肉同色，管口圆形，每毫米约 5 个。菌柄侧生至偏生，细长呈圆柱形或略扁平，长可达 15 厘米，直径约 2 厘米，与菌盖同色或更深，很有光泽，皮壳构造呈拟子实层形，淡褐色至褐色，组成菌丝棍棒状，顶端膨大部分通常长 25~30 微米，宽 4~6.5 微米。菌肉锈褐色，孢子卵形或顶端平截，为（10~12.5）微米×（7~8.5）微米，双层壁，外壁平滑，无色，内壁有明显的小刺，淡褐色。大型个体长宽可达 20 厘米，一般个体 4.7 厘米× 4 厘米，小型个体 2 厘米× 1.4 厘米。紫芝的单孢子卵圆形，顶端脐突或稍平截，壁双层。外壁无色透明且平滑，内壁淡褐色并具明显小刺。扫描电镜下紫芝的担孢子大小为（10.26~11.05）微米×（6.84~7.37）微米，表面有数条比较明显的环状波纹和纵向分布的沟纹，孢子近基部处有一疣状附属物。多生于阔叶树木桩旁地上或松树上，或生于针叶树朽木上。其分布于河北、山东、江苏、浙江、江西、福建、台湾、广东、广西。

紫芝与灵芝两者在形态上有许多相似之处，两者在形态上区别主要为：紫芝菌盖表面呈紫褐色、紫黑色至近黑色，灵芝菌盖表面则呈红褐色、淡黄褐色至黄褐色；紫芝菌肉为褐色至栗褐色，灵芝菌肉为淡白色至白色；紫芝孢子较大而灵芝孢子较小。其实除形态的差别外，在口感上，两种灵芝也不同，灵芝较苦，紫芝味淡，苦味感较少。

3. 松杉灵芝

其又称为铁杉灵芝、木灵芝、松杉树芝。菌丝无色至淡褐色，直径 1.7~4 微米，壁薄，无隔膜，也罕见锁状联合，多分枝。子实体一年生，木栓质，有柄。菌盖肾形、半圆形或近扇形，为（5~9）厘米×（7~13.5）厘米，厚 1~3 厘米，盖面红褐色、污红褐色至紫红色、紫褐色，具有油漆状光泽、无环带及环沟或有不明显的环带。干后有纵皱纹，盖缘薄或钝，有时内卷。菌肉淡白色、肉色或灰褐色，近菌管处呈淡褐色，厚约 0.5~1.5 厘米；菌管淡黄褐色或褐色，长 0.5~1.5 厘米；管口近圆形，每毫米 4~5 个，管口面淡白色，渐变为淡黄褐色至褐色，新鲜时受伤后变为深锈色。菌柄粗而短，长 4~5 厘米，粗 2~3 厘米，表面紫黑色，具有油漆状光泽，侧生，与菌盖之间呈钝角至近水平状着生。孢子卵形，顶端常平截，为（9~11）微米×（6~8）微米。双层壁，内孢壁淡褐色，黄褐色，有小刺；外壁平滑，无色。

子实体中等至大。菌盖半圆形，扁形，肾形，木栓质，直径6.5~21厘米，厚0.8~2厘米，表面红色，皮壳亮，有漆样光泽，无环纹带，有的有不十分明显的环带和不规则的皱褶，边缘有棱纹。菌肉白色，厚0.5~1.5厘米，管孔面白色，后变肉桂色，浅褐色，每毫米4~5个。柄短而粗，侧生或偏生，有与菌盖相同的漆壳，长3~6厘米，粗3~4厘米。孢子卵形，有的一端截平，内壁刺显著，为（9~11）微米×（5.5~6.6）微米。生于松树干基部或伐木桩上。其分布于黑龙江、吉林及甘肃等省。

松杉灵芝的主要特点是菌肉新鲜时多汁，干后很轻；菌柄和菌盖的界限不清，常呈水平状钝角着生；而近缘种灵芝的菌柄与菌盖则呈锐角或近直角，生于阔叶树上。

4. 薄树芝

子实体一年生，木栓质、无柄或有短柄。菌盖半圆形、肾形或呈扇形，为（9~17）厘米×（6~11）厘米，厚1~2厘米。盖面紫红色至黑褐色，向外缘渐淡，有漆状光泽，有胶质样物质致使盖面特别发亮，无环纹和环带，纵皱明显，表面光滑或有小疣粒；盖缘淡黄褐色，薄，全缘。菌肉材白色，有明显的环纹，厚可达1.5厘米。菌管淡褐色至淡肉桂色，管长约0.5厘米；管口面污黄色，受伤后变为淡褐色，每毫米间有管口4~5个。菌柄短而粗，长约3.5厘米，粗约4厘米，侧生，与盖面同色，具油漆状光泽，或无柄。菌丝无色或淡褐色，直径1.2~6.9微米，壁厚，有分枝，偶有隔膜，亦罕见锁状联合。孢子卵形至长卵形，或顶端平截，双层壁，外孢壁平滑无色；内孢壁有不明显的小刺，顶端平截者则小刺较多，淡褐色或灰褐色，为（7.5~9.7）微米×（5.7~6.9）微米。多生于桥梁下及阴暗处的各种木材上，分布于云南。

薄树芝与赤芝、松杉灵芝间的主要区别是薄树芝盖面油漆状光泽较强，菌肉较硬，有环纹，柄短而粗或无。

5. 树舌

子实体多年生，木栓质至木质，无柄。菌盖半圆形，近扇形或不规则形，为[6~16（30）]厘米×［9~23（80）]厘米，厚 3~5 厘米，盖面灰白色、灰褐色至锈褐色. 有同心环带和环沟；盖缘完整，圆而钝。菌肉棕褐色至深褐色，厚 0.3~3.0 厘米有环纹。菌管褐色，或有白色菌丝充填，多层；菌管长 0.3~2.5 厘米，管口面初期呈黄白色，后变为灰褐色至黄褐色，每毫米间有管口 4~5 个。无菌柄，侧生。菌丝淡褐色至褐色，直径 1.5~6.9 微米，单菌丝无色，常弯曲；有分枝，壁厚、无隔膜，罕见锁状联合。孢子卵形或顶端平截，双层壁、外孢壁平滑，无色；内孢壁淡褐色至褐色，有小刺状突起，为[7~9（10.4）] 微米×（4.3~6.2）微米。多生于各种阔叶树倒木、伐桩或木材上，分布于我国东北、西北、华北、华南、西南各省区。

三、灵芝的形态特征

灵芝分为菌丝体和子实体两部分。菌丝体由无数纤细的菌丝交织而成，具有很强的吸收能力并能分泌多种酶，分解各种有机物，获得生长发育过程中所需要的营养物质。因此，它是灵芝的营养器官。子实体是长在菌丝基质上部的菇状体，一般分菌柄和菌盖两个部分。子实体发育成熟产生和释放出担孢子，起繁衍后代作用。因此，它是灵芝的繁殖器官。

（一）灵芝子实体的形态特征

1. 外部形态

灵芝的菌柄呈弯曲、不规则的圆柱形，紫红色，上部及向光一面更深,具漆样光泽,柄的长短和粗细因不同品种、培养条件、培养方法等而差别很大。如空气二氧化碳浓度高、营养不良,则菌柄生长细长,瓶栽的菌柄比袋栽的长。

灵芝的菌盖常在菌柄顶端光照较强的一侧发育,菌盖的大小、厚薄及形状与培养条件、品种等相关,且差异很大。菌盖一般多为肾形,也有扇形、近圆形、圆形及不规则等形状。菌盖上部为紫红色或棕褐色的皮壳,具有环状棱纹和辐射状皱纹。菌盖下面新鲜时为白色,上面布满大小不一的小孔,近菌盖边缘密度较大,平均每毫米4~6个。

2. 内部结构

从子实体纵剖可观察到菌盖上表面由一薄层棕红色的皮壳所覆盖,中间部分是淡褐色菌肉,菌肉下密布着垂直于地面、互相平行、细长的菌管,菌管口开于菌盖下表面。菌柄结构较简单,由外面一薄层紫红色皮壳和内部淡褐色菌肉组成。

(1)皮壳层。灵芝的角质皮壳是由三层组成的:

外层。其是由许多排列紧密、比较粗的菌丝组成,直径可达11~13微米。菌丝的尖端向外平行排列成栅状,其与菌盖垂直,细胞壁较厚,细胞内充满树脂质及色素。树脂质使盖面上有了油漆状的光泽,色素则是盖面颜色的来源。

中层。其是由粗大的厚壁菌丝交织排列而成。菌丝内部包含有棕红色的树脂质,也是使菌盖呈现出颜色的物质。

内层。其是由一些不含有树脂质或色素的菌丝交织组成。其细胞壁也比较厚,是皮壳到菌肉的过渡带。

在上述三层中,内外层较薄,中层较厚。盖面颜色呈紫红色的子实体,其中层也必然厚;反之,那些发育不够正常、盖面颜色较浅的子实体,其中层则较薄。

据报道,灵芝皮壳中树脂层的产生和积累与其含有的漆酶有关。

（2）菌肉层。其是由一些液泡体积较大的菌丝交织组成。由于这些菌丝排列松散，稀疏地交织在一起，间隙较大，使菌肉呈现出木栓质的特性。

（3）菌管层。其是由许多平行排列的管状结构组成。

这些菌管壁是由许多菌丝平行排列而成，这些菌丝末端皆膨大如茄（梨）形——担子。担子粗径为4~7微米，壁很薄，细胞质稠密，内含两个细胞核。随着子实体的生长，担子也逐渐成熟；担子内的两个细胞核先是相互融合成一个核，完成核配，继而连续进行两次有丝分裂，完成减数分裂，产生四个子细胞核。

在减数分裂的同时，担子的游离端产生四个小突起，并稍延长（即担子小梗）。担子小梗呈锥体状，顶端尖；在这个尖顶处又膨大产生一个卵圆形的担孢子。每个担孢子内有一个细胞核、一个大液泡，细胞质被液泡挤到外周处，故在光学显微镜下呈透明状。

当担孢子发育成熟后，在担孢子与担子小梗顶尖处产生一个液泡；液泡吸水膨胀至破裂，担孢子则被液泡破裂时产生的机械力量弹射到菌管的空腔中，并分散出去。

（4）菌柄。灵芝菌柄的内部结构是与菌盖连续的，即外层为紫红色有光泽的皮壳，木栓质的菌肉在内部，无菌管。

（二）灵芝菌丝体的形态特征

组成灵芝的最基本结构与其他生物体一样，也是细胞；但是组成真菌的许多细胞串联成丝线状，故而被称作菌丝。生长在朽木或人工培养基中的菌丝体与生长在朽木或培养基等基质上的子实体，都是由真菌细胞——菌丝组成的。

1. 外部形态

菌丝体外观呈白色绒毛状，在低倍镜下菌丝表面有一层白色的草酸钙结晶体，并充满在菌丝的间隙中。单根菌丝细长呈线状，纵横交错,密集贯穿于营养基质中。菌丝体的这种结构可使菌丝与营养基质保持最大的接触面,有利于营养物质的分解和吸收。

2. 内部结构

菌丝用结晶紫等染色后,置于1000倍显微镜下,就可清楚地观察菌丝的内部结构。菌丝由许多线形细胞连接而成,每根菌丝上有许多分枝。每个细胞由细胞壁、细胞膜、细胞质和2个细胞核组成,每个细胞核又有1个核仁。细胞质、细胞核合成为原生质,它是生命活动的物质基础。在1根菌丝中,不同部位的线形细胞,其形态结构和生活能力等存在差异。菌丝先端细胞即尖端线形细胞,其宽度较窄,仅1微米左右,细胞壁薄而透明,原生质浓而均匀,液泡小且分散,无明显的颗粒状物质。这种尖端细胞是菌丝生命活动最活跃的部位,菌丝的生长就靠尖端实现。菌丝中部的线形细胞,宽度稍加粗,约2微米,细胞壁稍加厚,原生质较稀,具有较大的液泡和颗粒状含物。较老的线形细胞则更宽,为5~9微米,大多细胞中空,有的具有一些分散的颗粒状含物,这些细胞可能起到输导和储藏作用。

(1)组成灵芝菌丝体的菌丝依其形态和来源可以分为三种。

1)初级菌丝:或称作初生菌丝、一次菌丝。它是由担孢子萌发时产生的一个或多个芽管直接形成的;其主要特征是在每一个细胞内萌发初期是多核的,后来只含有一个细胞核,菌丝较细,直径仅为1~1.5微米,在整团菌丝中没有锁状联合。初级菌丝的生长是以孢子内贮存的营养提供能量的,故其寿命很短。

2)次级菌丝:或称作次生菌丝,二次菌丝。它是由两条遗传性状不同的异质的初级菌丝相互融合。其中一条菌丝中的一个细胞核移到另一条菌丝的一个细胞中,结果形成一个有两个细胞核的双核菌丝。次级菌丝对基质的侵染能力较强,并能在基质中形成菌丝体。由次级菌丝形成的菌丝体中可以看到锁状联合。只要基质中营养够其利用,次级菌丝形成的菌丝体的寿命可以达到几年、几十年或几百年。

在灵芝的担子中，初期有两个细胞核，经过核配之后成为一个受精核。在受精核内的核糖体中，有两对等位基因控制着担孢子之间的亲和性；其中一对（Aa）控制着锁状联合的形成，另一对（Bb）则控制着核的转移。当受精核经过两次连续的有丝分裂、完成减数分裂之后，产生的四个担孢子核中只能有Aa、AB、aB、ab这四种基因组合中的一种。而在这四种类型的担孢子中，只有AB与ab两个担孢子萌发后形成的初级菌丝之间能结合成有正常发育能力的次级菌丝。从理论上讲，灵芝所产生的成熟的担孢子中，能具有亲和性的比例只占1/4。所以，在自然条件下，每个灵芝子实体所产生的许许多多担孢子之中的繁殖率，绝不会超过理论上的25%。在各种环境因子的影响下，能形成次级菌丝的数量与初级菌丝的数量相比，要相差很多。

3）三级菌丝：或称作三生菌丝、三次菌丝。次级菌丝形成的菌丝体生长到一定阶段达到生理上成熟后，就会有些菌丝在基质的表面上扭结形成原基，由原基再发育成子实体。这些构成子实体的菌丝就是三级菌丝。三级菌丝也是双核菌丝，在形态上与次级菌丝有些相似，但生理功能上已有明显的区别了。

（2）根据菌丝的形态及生理功能的不同，可以把灵芝的三级菌丝分为生殖菌丝、骨架菌丝和联络菌丝三种。

1）生殖菌丝：是一种由细胞壁较薄的次级菌丝发育来的，有横隔，双核、细胞质稠密、有锁状联合、多分枝。由生殖菌丝分化出担子和骨架菌丝及联络菌丝；它是组成灵芝繁殖结构的最基本的结构。

2）骨架菌丝：是一种细胞壁较厚、无横隔、无分枝亦无锁状联合，很少有弯曲的双核菌丝，细胞内缺少细胞质和细胞器而被一个大液泡所充填；仅菌丝顶端部分细胞壁较薄，细胞质浓稠、细胞器完备，并具有继续生长的活力，它是构成灵芝子实体的骨架，起着支持作用。

3）联络菌丝：其细胞壁有薄有厚、有横隔、有分枝、也可见到锁状联合,是双核菌丝。它连接着生殖菌丝和骨架菌丝,具有输送营养的作用。

(3)锁状联合是担子菌类在菌丝进行分裂增殖时出现的一种特殊的构造,是双核菌丝分裂时细胞核进行重新分配的一种特有的方式,其发生过程可以简述如下。

1)在菌丝要分裂时,在两个细胞核之间的细胞壁产生一个小突起,继而由一个小突起长成一个小分枝。

2)小分枝弯曲,是向原来产生的同一方向弯曲成一个钩状。通常称这个钩状的突起物为锁状联合。

3)位于锁状联合基部的一个细胞核与另一个细胞核同时进行分裂。在锁状联合基部的细胞核分裂成两个子细胞核之后,就有一个子细胞核沿钩状的锁状联合移向其顶端。

4)锁状联合顶端与菌丝细胞壁相遇且溶解一个小洞,在此处的子细胞核经这个小洞移到菌丝中,随之这个小洞又封闭起来。

5)在重新组合的两对子核之间形成横隔,两个子细胞也就随之产生了;锁状联合也随之退化,仅在新形成的横隔处保留下一个瘤状物。

锁状联合的主要功能是双核菌丝在进行分裂时保证四个子细胞核重新组成两对细胞核。也有人认为锁状联合就是运送营养物质的一个捷径。

四、灵芝的细微结构

(一)真菌细胞的基本结构

菌丝在光学显微镜下是一条细长的丝线状物,它与外界环境之间以细胞壁为分界线;在细胞壁内包含有细胞质、细胞核、液泡、线粒体及质膜等结构。

1. 细胞壁

真菌细胞的细胞壁比较坚韧，其干重约为细胞总重量的 30%。其主要作用是保持细胞的形状，保护其内部的细胞器。

在光学显微镜下，细胞壁是一层均匀的透明的结构，厚度为 100~250 纳米。在电子显微镜下观察到细胞壁的结构可分为以下四层。

（1）最外层是由无定型的 β-葡聚糖组成，厚 80~90 纳米。

（2）第二层是由粗网型的糖蛋白组成。组成粗网的网绳粗约 25 纳米，网孔径为 75 纳米；粗网埋于厚 40~50 纳米的基质中。其基质是无定型的葡聚糖，蛋白质的含量由外向内逐渐增多。

（3）第三层是由蛋白质组成，厚 8~10 纳米。

（4）最内层是由几丁质微丝与蛋白质混合构成，厚约 20 纳米。微丝的主要成分为 β-（1→4）键连接的 N-乙酰基葡萄糖胺（2-乙酰胺-2 脱氧-右旋葡萄糖）残基构成的线状聚合物。

菌丝细胞壁的结构与化学成分可以随环境条件及分化程度而发生变化。

2. 横隔膜

横隔膜是细胞壁向内折屈而成。在向内折曲时，因为是由外向内、由四周向中心折曲的，故而在中央留下一个桶状的中心孔。平时，在这个中心孔的两端各有一个括弧帽将其包盖着。括弧帽是由内质网发育来的，它可以防止细胞核及线粒体等细胞器在菌丝间流动。

在电子显微镜下，横隔膜是由三层不同的物质构成，其内外两层是不能透过电子的微粒层，中间层为电子透光层，无色透明。据化学分析结果得知，它主要是由 β-（1→3）和 β-（1→6）连接而成的葡聚糖。

3. 细胞质膜

细胞质膜夹在细胞壁与细胞质之间，厚 7~9 纳米，主要成分是蛋白质、脂类和一些甘露糖。在电子显微镜下可分为三层：内外两层为深色的不远光层、中间为浅色的中心区。

质膜的结构与液泡膜、内质网等相似，在质膜的内面也有核糖体附着。

4. 细胞器

菌丝中的细胞器包括细胞核、线粒体、核糖体、液泡、微管和丝状体等。

(1)细胞核。真菌的细胞皆很小，直径为 2~3 微米。在相差显微镜下观察活体细胞，可见到其外层是透明层，中心部分为致密区，用铁矾苏木精可以使中心区染成深色，其他染料很难使其着色。细胞核是菌丝的“中枢”，是遗传物质的存储、复制和转录的场所，是维持其生物特性的关键结构。其主要成分为核糖核酸(RNA)和脱氧核糖核酸(DNA)，以及碱性蛋白质、酶类、脂类和无机盐等。其中的核酸与蛋白质结合形成核蛋白体。

在电子显微镜下可以见到细胞核的核包膜。它是由两层膜构成的，外层膜与内质网相连接。在核膜上还保留有许多小孔口。每个细胞中核的大小、形状及数量在一生中是有变化的，通常是一个或两个核，它可占细胞总体积的 0.5%。

(2)线粒体。在光学显微镜下，线粒体为长约 30 微米，呈环状、念珠状或多分枝状的一些物质。它的功能与动植物细胞中的线粒体相同，可以为其生命活动提供能量，故有“动力站”的称号。它可以为蛋白质、脂肪及糖的代谢提供乙酰辅酶 A，并在完成这些物质的代谢过程中，逐步释放出能量。

线粒体的表面有双层膜；外膜较薄，内膜较厚，两层膜之间称为外室。内膜围成线粒体的内室，由内膜向内折曲形成许多线粒体嵴，在嵴上附着许多核糖体，内室中充填着蛋白质、脂类、糖原及少量的DNA和MA等组成的基质。其中主要成分是蛋白质，占总重的60%~65%，脂类占35%~40%。线粒体的形成及分裂皆在DNA的控制下进行。

(3)液泡。灵芝细胞中的液泡与植物细胞中的液泡相似，皆来自内质网。液泡是由单层膜围成的，内部充满水、盐类、糖类、色素及蛋白质和酶类。其主要功能是贮存营养物质和调节菌丝的渗透压。

在新生的菌丝中几乎不存在液泡，随着菌丝的生长形成，并由少到多、由小到大，最后汇合成一个大液泡，体积可达菌丝体积的90%以上。

除上述三种结构之外，还有核蛋白体、微粒、微丝、微管、结晶及脂肪滴等结构。值得注意的是，在灵芝菌丝内尚未发现高尔基体，也可能是退化了。

5. 细胞质

细胞质是指细胞质膜内，除细胞核以外的全部内含物的总称，它包括上述的各种细胞器及内质网系统。

内质网存在于质膜和液泡膜之间，是由一对平行的膜所组成，因其常呈网状，在膜上还保留有许多网孔而得名。在电子显微镜下为一个不连续的片状物，在膜的表面附集着核糖体，这些核糖体常呈小螺旋状排列的群体。内质网的膜与核膜间是连续的。横隔膜上桶状孔的括弧帽由内质网特化而成。

（二）担孢子的细微结构

在高倍显微镜下观察到的担孢子呈卵形至卵圆形，孢壁双层，外壁平滑、无色透明，内壁红褐色，有小棘突，孢子内部呈淡黄色至淡黄褐色，油滴黄色至亮黄绿色。

在电子显微镜下，孢壁外层表面有许多小凹坑，并非平滑。

在显微镜下观察，人工栽培条件的灵芝孢子成熟度与营养条件有关，故其形态亦有明显差异。如在用木屑等袋料栽培出的灵芝孢子多为个体稍小、皱缩、内含物少、萌发率很低。而在段木栽培条件下，其灵芝孢子则多为个体较大、饱满、表面光滑，萌发率亦高。

灵芝的担孢子为四极性，但从其外部形态及内部结构等方面，皆难区分。其基因上的差别，亦非常规方法能鉴别。

（三）灵芝的生活史

从孢子萌发开始，经过单核的初级阶段、双核的次级菌丝和三级菌丝，形成子实体，产生新一代的担子和担孢子的过程就是灵芝的生活史。现将其分为六个阶段，简述如下。

（1）分布在灵芝菌管壁上的担子将成熟担孢子弹射出去。

（2）担孢子萌发产生芽管 1 至多条，每条芽管内含有多个细胞核。后来产生横隔，每个细胞内只保留一个核，形成初级菌丝。

（3）两条异质的初级菌丝相互融合、完成质配，形成次级菌丝。

（4）次级菌丝在基质内生长，形成菌丝体。

（5）菌丝体出现分化，形成子实体原基，由原基发育成子实体。

（6）子实体的子实层上的担子内完成核配、减数分裂，最后产生 4 个担孢子。

从灵芝的生活史中，可以看到其生长发育的特征如下。

（1）灵芝的有性繁殖阶段趋于简化。表现为其一生中，只要初级菌丝能够完成一次质配并能形成双核的次级菌丝体，便能生存许多年。每一年中在适合其生长的季节里，都能产生许多的子实体。人们就是利用次级菌丝的这一特点，而将其分离出来，作为人工栽培的菌种。

（2）双核菌丝中的两个核，只能在子实体的担子中完成核配，受精核经过减数分裂后产生的四个子核的基因型完全不同，其亲和性只有 1/4。因而，在人工栽培灵芝时，除非制种、育种的需要外，皆不宜用灵芝担孢子作栽培种子。

(3)灵芝的一生中,只要初级菌丝能完成一次质配,其三级菌丝分化出来的担子中就可以进行无数次的核配,并能产生四倍于担子数量的担孢子,用增加数量的方式保证其后代的质量,灵芝生活史中的这一特点,也是担子菌类的共同特点。

五、灵芝生长所需要的条件

(一)灵芝生长所需的营养条件

灵芝属木腐生菌,在自然环境中通常生长在树桩和朽木之上,活的树上有时亦有生长。灵芝能很好地分解和利用木材中的各种物质。在人工栽培生产中,主要利用阔叶树枝丫材、木屑、棉籽皮、玉米芯等为主料,再添加麦麸、玉米粉、米糠等辅料。辅料添加一定要适量,比例过高会增加污染机会,且会造成营养过剩,抑制子实体分化。

1. 碳源

来自朽木中的碳源主要是葡萄糖类、有机酸、果胶、淀粉、纤维素、半纤维素及木质素等含碳较多的有机化合物。灵芝对朽木中的纤维素、半纤维素的利用差,如果无其他条件影响,灵芝的菌丝只能利用木质素及其小分子的碳水化合物。对含碳的无机化合物,如二氧化碳、碳酸盐类以及碳元素是不能吸收利用的。在人工栽培灵芝时,可利用本地生长的各种阔叶树木屑或作物秸秆、麸皮、米糠、糖渣及木材加工厂的废料为碳源。

2. 氮源

菌丝可以从基质中直接吸收氨基酸、铵盐等含氮的小分子化合物。在朽木中含有较多的蛋白质和多肽类,但菌丝不能直接吸收它们,必须先经蛋白酶类水解成氨基酸后才能被吸收。除氨基酸之外,能够被菌丝直接吸收的含氮化合物还有胺、尿素等。菌丝也可吸收利用基质中的无机氮化合物，如硝酸盐、亚硝酸盐及铵盐。硝酸盐必须转化为亚硝酸盐、次硝酸盐和羟胺，再还原成氨之后才能被菌丝吸收。

菌丝对氮源的吸收和代谢，受许多条件影响。在正常情况下碳与氮在基质中的最佳含量比为 20∶1，也就是在基质中氮的绝对含量应为 0.016%~0.064%，如果绝对含量低于 0.016%时，则不利于菌丝的生长。

（二）影响灵芝生长的环境条件

灵芝菌丝体及子实体生长期的生理活动除与营养条件有关之外，还受各种外界因素的影响，如温度、水分、空气、光线、酸碱度等。

1. 温度

灵芝菌丝生长的温度范围为 5~35 ℃，最适宜温度是 24~28 ℃，低于 15 ℃，菌丝生长缓慢；菌丝耐低温能力较强，在 0 ℃时，菌丝不能继续生长，但可以维持基本的最低生理活动，待气温回升到适宜条件下又能正常生长。高于 33 ℃，菌丝基本停止生长；高于 38 ℃，菌丝死亡。

灵芝是中高温型、恒温出芝的真菌，子实体生长对温度的要求与菌丝体相差不大。子实体在 10~30 ℃范围内均能分化，在此温度范围内，温度偏低，子实体生长缓慢，但是质地紧密、色泽光亮。反之，子实体生长较快，但是质地、色泽较差。灵芝子实体生长发育的最适宜温度是 25~28 ℃。

2. 水分

其为对培养基含水量的要求。灵芝菌丝生长时要求培养基的含水量一般情况为 60%~65%，但随着基质的物理性状不同而有所不同，木屑培养基含水量以 60%为宜，棉籽壳培养基以 65%左右为宜，甘蔗渣培养基以70%~72%为宜。如果培养基含水量低于30%，菌丝则处于休眠状态，停止生长或分化；如含水量高于80%，基质中氧气含量过低，也会导致菌丝休眠，或者导致培养料腐烂。

对空气相对湿度的要求。菌丝生长阶段所需的水分皆来自培养基，故只要空气中相对湿度维持在70%左右，就能保证基质中的水分不因空气过于干燥而蒸发。子实体生长期间空气相对湿度以85%~90%为宜，低于60%，基质中水分散失，由于基质中水分及菌丝细胞水分不足，菌丝缺水，向子实体输送养分受到影响，子实体生长缓慢甚至停止生长；空气湿度高于95%时，由于空气中的氧气不足，呼吸作用受阻，引起菌丝体和子实体生长窒息，引起菌丝自溶和子实体的腐烂、死亡。

3. 氧气与二氧化碳

灵芝不同生长阶段对氧气和二氧化碳的需求不同。自然条件下，空气中的二氧化碳的浓度为0.03%，在这种状况下，菌丝可正常生长。但二氧化碳浓度稍加提高，则可促进菌丝的生长。试验表明：温度条件不变的情况，当二氧化碳浓度提高到0.1%~1%时，菌丝生长的速度可提高2~3倍。当菌丝从营养阶段转向生殖阶段时，如二氧化碳浓度为0.034%，可加速分化，但高于0.1%时，则抑制分化。在温度高、湿度较大的条件下，二氧化碳浓度偏高会抑制菌丝生长，甚至会导致培养料腐烂变质。子实体生长发育阶段，二氧化碳浓度不超过0.03%为宜，浓度超过0.1%，菌盖不发育；浓度为0.1%~1.0%，子实体长成分枝极多的鹿角状，长时间在高浓度二氧化碳状态下，形成鸡冠状或脑状的畸形芝。因此，人工栽培灵芝应根据需要适时通风换气。

4. 酸碱度

灵芝菌丝体喜弱酸环境，菌丝在pH值为3~8时均能生长，但以pH值为5.5~6.5时菌丝生长最快。当pH值为8时，菌丝生长速度减慢；当 pH 值大于 9 时，菌丝将停止生长。实际生产中，配料中加入 1%~2%的石膏粉或石灰粉，调高培养基酸碱度，使 pH 值达到 8~9；灭菌后，培养基 pH 值会自然降至 7 左右。另外，子实体生长期，也需要中性或弱碱性条件。

5. 光照

灵芝是异养生物，不能进行光合作用。灵芝的菌丝体可以在弱光或无光条件下生长，生长速度随着光照强度的增加而减慢；子实体生长发育不可缺少光照，光能诱导子实体的形成。子实体生长需要 1000 勒克斯以上的光照，在黑暗或弱光（20~1000 勒克斯）条件下，只长柄，不形成菌盖。当光照强度达到 1500 勒克斯以上时，菌蕾生长速度快，并能形成正常的菌盖。菌柄和菌盖的生长有明显的趋光性，子实体幼嫩时，向光性尤其敏感，所以单方向的光能使菌柄过长且弯曲。因此人工培养时，要获得生长迅速、形态正常的子实体，必须有充分、均匀的光照。

6. 微量元素

灵芝发育过程中，由于菌丝体生理代谢作用，菌丝体在对培养料分解利用的同时，对生活环境（土壤、水、空气、培养料等）中的元素具有一定的转化和富集作用，这些元素中有些对人体是有益的，比如锗元素，而大多数是对人体有害的，如铅、铜、砷等重金属元素。从优质安全的角度考虑，人工栽培灵芝应选用天然的有机质作为原料，栽培场地的选择要远离污染源，如果设在马路两侧，则应至少间隔 50 米建棚；切勿添加化肥及各类杀虫（菌）剂、农药等，否则会极大地影响成品芝的内在质量和商品价值。

（三）主要栽培品种

1. 韩国灵芝

形态特征：子实体一年生，有柄，木栓质，菌盖肾形、半圆形，罕近圆形，有环状棱纹和辐射状皱纹，菌柄近圆柱形，侧生或偏生，菌盖直径15~27厘米，最大可达31厘米，厚1.3厘米，菌盖及菌柄有红褐色油漆样光泽，菌盖背面污白色、红色，孢子卵形或顶端平截，孢子粉产量高。该品种生长期短，是我国当前进行人工栽培的主要品种，在灵芝科中其药用功效也是研究得最深的。

2. 日本赤灵芝

形态特征：子实体一年生，有柄，木栓质，菌盖肾形、半圆形，子实体特大，红褐色，有环状棱纹和辐射状皱纹，菌盖直径15~25厘米，最大可达30厘米，厚1.2厘米，菌盖底面色泽金黄色，菌管产孢量多。菌柄近圆柱形，侧生或偏生，菌柄长10~18厘米，直径3~5厘米，芝体组织致密厚重，单朵灵芝重量通常为0.5~1千克，适宜短段木熟料栽培或代料栽培。出芝早，产量高。

3. 美国大灵芝

形态特征：子实体一年生，有柄，木栓质，菌盖肾形、半圆形，子实体特大，红褐色，菌盖直径15~28厘米，最大可达32厘米，厚1.1厘米，菌盖底面色泽白色，菌管产孢量多。菌柄近圆柱形，侧生或偏生，菌柄长8~15厘米，直径3~5厘米，适宜短段木熟料栽培或代料栽培。出芝早，产量高。

4. 泰山灵芝

形态特征：子实体一年生，有柄，木栓质至木质，多为贝壳状，菌盖红色，背面微黄，菌柄近圆柱形，侧生或偏生，菌柄长6~13厘米，直径4厘米左右。该品种产量高，生物转化率90%~110%。

5. 中华 1 号紫芝

形态特征：子实体一年生，有柄，木栓质至木质，菌盖半圆形、近圆形，表面紫黑色、紫褐色，菌盖直径 15~25 厘米，有油漆样光泽，菌柄侧生至偏生，细长，圆柱形或略扁平，与菌盖同色或更深，有光泽，菌肉锈褐色，人工栽培较多。

6. 黑芝

形态特征：子实体一年生，有柄，木栓质至木质，菌盖半圆形、近圆形，表面黑色，菌盖直径 15~26 厘米，有油漆样光泽，菌柄侧生至偏生，细长，圆柱形或略扁平，与菌盖同色或更深，有光泽，菌肉褐色，黑芝药用价值高，人工栽培较多。

参考文献

[1] 林志彬. 灵芝的现代研究. 北京：北京大学医学出版社，2015：8-30.

[2] 朱春生. 灵芝的栽培与生产技术. 呼和浩特：内蒙古人民出版社，2007：9-14.

[3] 马红梅. 灵芝的栽培与试验研究. 北京：中国农业科学技术出版社，2017：3.

[4] 姜性坚，王小艳等. 药用菌栽培新技术. 长沙：湖南科学技术出版社，2012. 16-42.

第二章　灵芝菌种生产技术

一、灵芝菌种的分离方法

灵芝菌种的分离有孢子分离、子实体菌丝分离及基质内菌丝分离三种方法。基质内菌丝分离因易污染而较少被采用。孢子分离法多在研究及菌种复壮时采用。一般规模生产时采用的是子实体菌丝分离法,该操作简便,且能保持原有菌种的特性。

(一)子实体菌丝分离法

(1)种芝选择。选择形态发育正常,无病虫害,菌盖边缘尚未变色,未弹射孢子的灵芝子实体。

(2)消毒处理。在无菌条件下用0.1%升汞水或75%酒精进行表面擦拭杀菌消毒。

(3)分离。在无菌箱内,切去菌柄基部,用手掰开或用刀片切开菌盖,用单面刀片或解剖刀切取米粒大菌肉一块移入试管斜面培养基中央。可多分离一些试管,以供选择。

(4)培养。试管放置在26~28 ℃恒温箱内,培养2~3天可见在斜面上切取的灵芝子实体上有少量白色棉絮状菌丝出现,7~8天后菌丝长满斜面,此即为第一代母种试管,可保存于冰箱中供转管使用。

(二)孢子分离法

(1)灵芝选择。取发育正常、健壮,已开始释放孢子的灵芝子实体一片。

（2）孢子收集。在无菌条件下用0.1%升汞水或75%酒精进行表面擦拭杀菌消毒后，用无菌水多次冲洗，用无菌棉花擦拭干净。将菌管朝下放在无菌培养器皿内，外面罩以内部用75%酒精擦拭过的玻璃钟罩，经过若干小时后孢子即散落在培养皿底部。

（3）孢子分离。用接种钩或接种环挑取少量孢子放入斜面培养基中部。

（4）培养。将试管斜面放入恒温箱中进行培养。

（三）基内菌丝分离法

（1）菌袋选择。从常规袋栽的灵芝中选取典型性状、无病虫害、菌丝纯白、无杂色、长势好的菌袋作为分离材料。

（2）消毒处理。在无菌条件下用0.1%升汞水或75%酒精进行菌袋表面擦拭杀菌消毒。

（3）分离。在无菌箱内，挑取菌袋内米粒大小带有菌丝的培养料，接种于试管斜面培养基的中央。

（4）培养。试管放置在26~28 ℃恒温箱内培养，培养基中有白色菌丝生长并长满试管则停止培养并保存。

根据谢春芹、曹正等（2016）的研究：对生产中的灵芝原基、子实体幼嫩边缘组织、菌管、栽培基质4个部位进行分离、纯化，并对所获得菌株进行栽培性状比较，结果表明，同一菌袋不同分离部位的菌种，在相同培养条件下，由基质中分离获得菌种的菌丝无论在PDA培养基上，还是栽培在固体培养基中，其生长速度均快于其他分离部位的菌种。

通过栽培出菇试验可见，从栽培基质中分离纯化的菌种，其菌丝生命力强，子实体产量高，生物转化率分别比子实体幼嫩边缘组织分离菌种高1.08%、菌管分离菌种高0.41%、原基分离菌种高0.2%，基质中分离的菌种无论是抗污染性，还是子实体产量均明显优于常用的其他3个分离部位的菌种。基质菌种栽培的子实体菌盖最大，但菌盖比较薄，在栽培过程中，适当降低室温（25~28 ℃），即可使菌盖加厚。栽培出菇试验证实，基质中分离得到菌种的生物转化率最高，说明在相同培养条件下，基质中分离的菌种菌丝分解与利用培养基中营养的能力较强。

三种分离方法得到菌丝体若要作为菌种使用，则要挑选菌丝生长整齐，长速正常，菌丝外观饱满，长势旺盛，气生菌丝洁白、粗壮、致密、均匀的分离物作为备用菌种。分离出的灵芝菌种需经研究机构的栽培试验、成分分析，菇农生产应从科研技术实力强、信誉好的专门科研机构引种，或具备生产许可证的菌种公司购买。

二、灵芝菌种生产所需的设施设备

灵芝的菌种生产是对菌丝体进行纯培养的过程，或者说对其他杂菌而言是一个无菌培养的过程。在此过程中，首先不能让其他生物混入，保持高度的一致性；其次要让菌丝体健壮生长，保持强劲活力。为此，灵芝菌种生产需要有相应的生产场所，并配以设施设备，结合各种器具来完成。

灵芝菌种培养或生产所需的场地或房屋，一般至少要具备三大类，即：培养料配制室、接种室和培养室。根据菌种生产规模的大小，可灵活确定所需房屋数量多少和面积大小。下面分别介绍这些房屋及配套设备设施和相应的器具。

（一）培养料配制室

培养料配制室是指用于配制灵芝母种培养基、原种和栽培种培养料的房间或场地。配制母种一般在室内进行；原种和栽培种配制则需要在较宽敞的场地进行，便于配料、拌料，还应距离安放灭菌锅（灭菌器）、灭菌灶场所较近。

1. 配套设施

在配制灵芝母种培养基、原种和栽培种培养料的过程中，需要有保证水源、电源或天然气源供应的基本水电气设施，水源和电源设施尤为重要。

母种配制室内，需要药品柜、用具橱柜等设施，便于药品和器具的存放；还需要配备有配料台、斜面摆放台等设施，用于配料和摆试管斜面。

2. 配套设备

配制室内，需配备拌料机、装瓶（袋）机、灭菌锅、灭菌灶等；搬运菌种瓶、培养原料的平板推车。在大规模生产菌种时，为了使培养料拌混均匀、装料松紧程度一致，降低操作人员的劳动强度，提高工作效率，需使用拌料机和装袋机。

灭菌锅：有对母种培养基灭菌的手提式高压蒸汽灭菌锅、对原种培养料灭菌的立式高压蒸汽灭菌锅、对栽培种培养料灭菌的大型卧式高压蒸汽灭菌锅。

3. 器具材料

在配制母种时，需有药勺、天平、量杯或量筒、刀、金属锅、电炉或气炉、玻璃棒、pH 值试纸、纱布、牛皮纸、试管、培养基分装漏斗、漏斗架、玻璃菌种瓶、棉塞或泡沫塑料塞等器具材料。

（二）接种设施及接种器具

灵芝菌种生产中常常有转接菌种的过程，需要在无菌的环境中进行，目的是避免其他杂菌等生物进入培养基料。于是就需要接种室、接种箱和超净工作台等设施创造无菌的环境，利用接种器具进行接种。小规模的菌种转接在接种箱或超净工作台内即可完成，但大规模的菌种转接时则需在具有较大空间的接种室里进行。

1. 接种室

接种室又称无菌室,室内要求封闭性好、台面光滑易于清洁。接种室的结构要合理。接种室一般应设有采光窗和缓冲间。接种室的门采用推拉门,进入缓冲间的门和缓冲间进入操作间的门应沿对角线安装,以减少外界杂菌进入室内的概率,提高缓冲的效果。

在接种室内,应配备有电源,安装有照明灯、紫外灯;配有操作台,便于接种作业。有条件者,最好在接种室安装空调设施、空气过滤装置(滤去杂菌,让洁净空气进入室内)等,避免操作人员因为室内温度过高而难以长时间作业,这对改善操作人员的工作环境和提高工作效率极有益处。

2. 接种箱

接种箱又名接菌箱、无菌箱,相当于微型化的接种室,可分为单人式接种箱和双人式接种箱。尽管有不同规格的接种箱,但从采用主要材质上可分为纯玻璃接种箱和木制接种箱。医药器械公司出售的多为纯玻璃接种箱,设计科学、结构严密、造型美观,但价格昂贵;实际生产上,多采用木材为主料,配以玻璃制成接种箱,其造价低廉,可达到同样效果。接种箱因体积小、操作方便、易于搬动,适宜于接种量较少的情况下使用,大规模生产菌种时可同时使用多个接种箱接种。

3. 超净工作台

超净工作台的工作原理是利用空气洁净技术使一定操作区内的局部空间处于高洁净度的无菌、无尘状态,它主要是通过高效过滤装置来净化空气。其优点是操作简便、可连续作业、工作效率高、效果好。但价格昂贵,在实际生产中不多用,在科研工作中经常使用。

4. 器具材料

接种室或接种箱、超净工作台中常用的接种器具主要有:酒精灯、火柴(或打火机)、接种针、接种钩、接种环、接种铲、接种锄、接种耙、接种刀、接种勺、接种镊等。

(三)培养设备设施

1. 培养室

培养室是用来放置和培养原种或栽培种的房间。要求通风良好、干燥、易于保温、冬暖夏凉、温湿度容易控制。其大小和多少可根据生产规模决定。培养室要求封闭性较好,门窗应能关闭紧密、墙体稍厚为宜,利于保温。内设窗帘、门帘,使菌种菌丝在避光条件下生长良好;在培养种室内还应配备有培养架,放置菌种用;安装有照明灯,方便观察检查菌种;有条件者可配置调温调湿设施,调节室温在适宜温度和湿度下,便于菌种的正常生长。

2. 培养箱

培养箱又称恒温箱,一般有普通电热式培养箱、生化培养箱,主要用于试管母种的培养。

三、灵芝母种生产

母种生产是灵芝菌种生产的第一步,其菌种质量的优劣关系到以后原种和栽培种的质量好坏。首先,选择具有性状优良、稳定性好的灵芝优良品种作为种源;其次,严格按照母种制作技术规程操作,制备出高质量母种。灵芝优良品种是指经过省级以上品种审定(或认定)委员会审定(或认定),并颁发有品种证书的品种。可以直接从品种育成者那里引进种源,也可从育种者授权的单位处引进种源。未经审定(认定)而自认为种性较好的优良菌株要用于生产,应对其进行出菇试验,测定其品种是否适宜本地栽培,经试验成功后才能用于生产,以避免造成重大的经济损失。

(一)工艺流程

灵芝母种生产的工艺流程为:原料准备→培养基配制→分装→灭菌→冷却→接种→培养→质量检查→成品。

(二)母种培养基配方

母种生产常用的培养基配方如下。

1.PDA 培养基(马铃薯-葡萄糖-琼脂培养基)

马铃薯 200 克,葡萄糖 20 克,琼脂 20 克,水 1000 毫升。

2. 马铃薯综合培养基

马铃薯 200 克,葡萄糖 20 克,硫酸镁 1.5 克,磷酸二氢钾 3 克,维生素 B_1 10 毫克,琼脂 20 克,水 1000 毫升。

3. 蛋白胨-葡萄糖-琼脂培养基

蛋白胨 20 克,葡萄 20 克,琼脂 20 克,水 1000 毫升。

4. 马铃薯-木屑-葡萄糖-蛋白胨培养基

马铃薯 200 克,木屑 50 克,葡萄糖 20 克,蛋白胨 2 克,磷酸二氢钾 3 克,硫酸镁 1.5 克,维生素 B_1 10 毫克,琼脂 20 克,水 1000 毫升。

5. 蛋白胨-葡萄糖-蛋白胨培养基

马铃薯 200 克,葡萄糖 20 克,蛋白胨 2 克,磷酸二氢钾 3 克,硫酸镁 1.5 克,维生素 B_1 10 毫克,琼脂 20 克,水 1000 毫升。

(三)培养基配制

以 PDA 培养基为例说明母种培养基的制作方法。

1. 培养基原材料的准备

先将马铃薯(又称洋芋、土豆)洗净,用刀去皮,若已发芽的马铃薯,则应挖去芽眼及周围的部分,然后切成 1 厘米见方的土豆块备用。同时,备齐必需的葡萄糖、琼脂。

2. 按照培养基配方的比例,称取各种营养物质

称取 200 克马铃薯块,放入盛有 1200 毫升自来水的不锈钢锅内,煮沸,文火维持 30 分钟后用两层纱布过滤,得滤汁即为马铃薯汁。

3. 加入其他营养物质,补足水量

在盛有马铃薯汁的锅中边搅拌边加入 20 克葡萄糖和 20 克琼脂,小火煮,使葡萄糖充分溶解,直至琼脂完全融化为止。最后用水定容到 1000 毫升即可。

4. 调节酸碱度

通常情况下灵芝培养基 pH 值不用专门调节,自然即可。

pH 值试纸测定酸碱度,灵芝培养基的酸碱度以 pH 值 5.6 为宜,超出此范围则用酸或碱调节。

5. 分装试管

调节好了酸碱度的培养基,趁热倒入漏斗中,培养基通过漏斗分别装入试管(可用 18 毫米× 18 毫米,或 20 毫米× 20 毫米的试管),装量控制在试管长度的 1/5~2/5 范围。分装试管时,尽量别让培养基洒在试管口,若不小心沾上了则可用湿布擦净,以免沾到棉塞上而引起杂菌感染。在冬季低温时节分装试管,要求分装动作要快,因气温低培养基凝固速度快,避免造成分装不顺畅。也可以在漏斗外面加保温层,避免培养基快速凝固。

6. 塞棉塞、捆扎

分装试管完毕后,即可塞棉塞。棉塞可用普通原棉做成,其大小应稍大于试管口。将棉塞塞入试管口,使棉塞紧贴试管壁、不起皱沟、松紧适度(手提外露部分拥塞试管不脱落),塞入的长度为棉塞长

度的 2/3 为宜,外露 1/3。

在培养基未凝固之前不能倒立或斜放试管,以免培养基沾到棉塞上和整个试管壁上。将装有培养基、塞上棉塞的试管捆扎在一起,每捆 10~15 支,用牛皮纸包住打捆试管的管口部分。

在试管未装培养基之前,可事先做好棉塞,塞入试管,放置于电热烘箱, 140~145 ℃下烘 2 小时,对空试管和棉塞进行干热灭菌和棉塞定型,方便分装试管时棉塞取塞。

7. 灭菌

实践经验告诉我们:当天分装的培养基,必须在分装后及时灭菌,切忌过夜后再进行灭菌,尤其在夏季高温时节,否则会滋生大量杂菌而影响培养基质量。

灭菌是母种培养基制作的关键技术环节。对培养基灭菌是否彻底,是培养基制备成败的关键所在。故严格掌握这个技术环节非常重要。

母种培养基一般数量不多,灭菌多用手提式高压蒸汽灭菌锅进行。其具体方法是:先打开高压蒸汽灭菌锅的锅盖,按照说明书加足所需水量,然后把捆包好的试管及时地直立放进灭菌锅内桶里,盖紧盖子,关闭放气阀,开始加热。当压力表上指针指至 0.05 兆帕时,慢慢打开放气阀,缓慢放出锅内冷空气,放气速度一定要慢,否则容易将棉塞冲掉。当锅内气体放尽时,再关闭放气阀继续加热。当压力表升至 0.11~0.12 兆帕时,保持 30 分钟。关闭热源,压力表指针降至 0 时,就可慢慢打开放气阀放净锅内气体,然后打开锅盖。

8. 摆放斜面

打开锅盖后,让其适当自然降温后再摆放斜面,以避免立即摆斜面,因温差太大导致管内产生过多的冷凝水。从锅内取出试管,使试管底部放在台面上,中上部靠在一定高度的木条上,整个试管呈斜置状态,试管内液体状培养基表面马上呈现出相对于试管纵向方向的斜面,斜面的长度以顶端距离棉塞 40~45 毫米即可。斜面摆好后,让培养基自然凝固后即成母种斜面培养基。培养基一定要凝固后才可搬动试管,否则不能形成斜面。发现有棉塞潮湿或管内进水的试管,及时挑出弃用。

9. 无菌检验

栽培农作物要求地里无杂草,同样,生产灵芝母种也要求培养基内无杂菌(其他微生物)。摆好斜面的培养基没有必要马上使用,为了稳妥起见,在接种灵芝菌种之前,有必要检验对培养基的灭菌是否彻底。

无菌检验的方法是:随意抽取 20 支斜面试管,置于培养箱中,28 ℃下恒温培养 48 小时,观察其中是否有杂菌生长。培养基中若无杂菌生长,则可用于生产灵芝母种,否则不能用于生产。

以上任选一种培养基,参照上述制作方法可配制成适宜于灵芝的母种培养基。管龙枢等(1999)认为,用麦粒或糯米粉母种培养基代替 PDA 培养基,繁殖灵芝菌种的菌丝长在培养基内部,能使菌丝生长旺盛和延缓老化及结皮现象的发生;同时,母种转管或接种原种的速度大大加快,对菌丝损伤也降低到最低限度。

(四)接种

1. 接种前的准备工作

杂菌是无孔不入的,空气中、接种室和接种箱的表面、操作人员身体上、手上等均附着有细菌、霉菌孢子等杂菌。接种前,需对接种操作的空间、操作人员的手、接种针、接种铲、接种锄等进行消毒灭菌处理,以尽量清除所附的杂菌。否则稍不注意,这些杂菌就会趁机进入培养基,导致感染。从这点上讲,我们的菌种生产过程也是和杂菌感染不断做“斗争”的过程。无菌操作是“斗争”的具体措施,培养基未被杂菌感染是“斗争”取得胜利的标志。

接种前，要对接种工具进行消毒杀菌。通常用75%酒精擦拭接种针、接种铲、接种锄等接种工具，然后再用酒精灯的火焰灼烧针尖、铲尖、锄尖，以去除其上的杂菌。待接种工具冷却后方可接种。操作人员的手也要用消毒液进行消毒。

2. 无菌操作方法

灵芝的接种过程就是一个无菌操作的过程。操作人员必须注意两点：一是在意识上要有“有菌概念”，时刻想到空中、试管口外壁、接种工具和手上都有可能带有杂菌，操作时应特别细心，否则杂菌会感染培养基；二是接种作业时严格遵循“无菌操作”方法，尽量避免杂菌进入培养基。

接种母种时，无菌操作的具体方法是：点燃酒精灯，右手大拇指与食指拿起接种针，针尖在火焰上烧红杀灭接种针上的杂菌；左手拿起种源试管置于火焰上方，右手小指夹住外面部分棉塞、从火焰上方转动取出棉塞，管口在火焰上转动杀灭管口内外杂菌，并保持在火焰上方离火焰尖端0.5厘米左右的位置；右手拿起待接种的培养基试管，交给左手握住，右手小指与无名指夹住外露部分棉塞。同样从火焰上方转动取出棉塞，管口在火焰上转动杀灭管口内外杂菌，并保持在火焰上方离火焰尖端0.5厘米左右的位置；接种针进入种源试管，用针尖挑取3~5毫米大小的灵芝菌种小块（连带培养基），迅速通过火焰上方、移入待接试管培养基斜面中央，取出接种针；将待接试管的棉塞从火焰上迅速通过并塞入原试管管口，并平放于台面之上，一支母种的转接工作完毕。其他待接试管采取同样方法进行。在转接菌种的操作中，棉塞、试管和接种针不要离手，接种针只用于挑接灵芝种块，针尖尽量不要接触到台面、试管外壁和管口、接种箱壁等任何可能带有杂菌的地方，若不小心针尖有接触其他部位的情况，则应重新灼烧针尖，且冷却后再进行转接作业。

(五)培养

1. 保持场所卫生

通常用培养箱来培养灵芝母种。在接种后放入培养室(箱)之前,应对培养室进行彻底打扫清洁,清除室内的垃圾和杂物,还应用新洁尔灭溶液擦洗培养室及周围环境的地面、路面,保持其洁净卫生状态,尽量减少杂菌侵入试管。

2. 适宜温度培养

把接有菌种块的斜面试管放在(27 ± 1)℃的恒温箱中进行恒温培养(温度不能忽高忽低),不需要光也不需要调节湿度,24小时后就可以看到恢复生长的菌丝。在适温条件下,灵芝菌丝洁白,棉毛状,后期带黄褐色。10天左右菌丝就可布满培养基表面,即为母种。可以立即用于扩接原种,或保存在冰箱中备用。一般要求灵芝菌丝长满斜面后3~5天内使用,这时,菌种的菌龄适宜,菌丝的活力强。

3. 检查生长状况

在母种培养过程中,应经常观察灵芝菌种块菌丝萌发、复活情况,菌丝长势,斜面上是否感染杂菌等。做好观察记录,了解灵芝菌丝生长特点,积累培养经验,对掌握灵芝菌丝生长特点特性很有好处。

在放置培养箱后第2天或第3天早晨,打开恒温箱逐支进行仔细检查。检查时,要使试管棉塞朝上(或朝斜上),以防止试管底部冷凝水流到试管上部或菌丝表面。在第5天或第6天,再检查一次斜面是否感染有杂菌,可将试管朝向阳光或日光灯,目测斜面、背面,检查是否有小杂菌菌落被灵芝菌丝覆盖在底下。灵芝菌丝长满斜面后要及时从培养箱中取出使用或置于冰箱内暂时贮存。

灵芝母种的菌丝白色、浓密、短绒状,气生菌丝不茂盛,老熟呈革质化并出现浅黄色分泌物。在显微镜下观察，菌丝具有锁状联合。在PDA综合培养基上，27 ℃的恒温箱中培养，24小时后就可以看到恢复生长的菌丝，10天左右菌丝就可布满培养基表面。在PDA综合培养基上，(29 ± 1) ℃黑暗下培养，8~10天长满斜面。

(六)质量要求

菌种质量的优劣直接关系到栽培产量高低和栽培者的效益。菌种质量检测包括检测微观指标、宏观指标和生化指标等，其过程比较复杂、周期较长，不具备一定试验条件和专业技术水平的一般栽培者最好不要进行母种的生产。但是作为栽培者应了解灵芝母种的外观特点和其优劣特征。

1. 基本特征

优质的灵芝母种，除了具有灵芝本身种性外，在外观上表现出的基本特征为：菌丝体颜色为洁白；生长粗壮、浓密、整齐、均匀；菌龄适当(10天左右)，且斜面培养基不干枯萎缩；无杂菌、无异物。

在不良的条件下，灵芝菌丝体上会产生分生孢子，导致菌落出现粉状外观。

不具备优质母种特征的母种，常表现为活力差、生长不整齐、菌丝不浓密，被视为劣质母种，在生产上使用劣质母种将会导致严重的后果。

2. 商品母种

作为商品出售的灵芝母种，必须符合农业农村部《食用菌菌种管理办法》和NY/T 528—2010《食用菌苗种生产技术规程》要求的规定。

(1)特异种性。凡是经过审定或认定的灵芝品种，都具有该品种自身的形态特征、生物学特性、农艺性状和稳定性。此品种的母种生长发育出来的菌丝体和子实体，保持着品种自身的特征特性而不同于别的品种。

(2)感观性状。企业或个人自身生产用母种,自己把握质量即可。若作为出售的灵芝母种,则要求有一定的感观:试管完整无损;棉塞或无棉塑料盖洁净、干燥,松紧适度;培养基装量为试管总容积的1/5~1/4;培养基斜面上端距离棉塞40~50毫米;接种块大小为3~5立方毫米;菌丝在8~10天长满试管;菌丝体洁白,生长粗壮、浓密、整齐、均匀;菌丝体高纯度,绝无杂菌、线虫和螨虫等其他生物;有灵芝菌丝体特有的香气,无酸霉臭等异味;菌龄在10天左右,无过多的浅黄色分泌物和原基出现。

(3)外观标志。作为商品灵芝母种,还应有标签、包装及简要说明。试管标签上明确标明产品名称“灵芝”、品名、生产单位、使用培养基、接种日期“×年×月×日”等。外包装可用硬质纸箱或木箱,内部以棉花、纸屑及报纸等缓冲材料填满,外包装外表明确标明品名、生产单位、地址及联系方式、出品日期、保质期及贮存条件和所装数量等。按照GB/T191规定,在包装上还应印上有轻放、防潮、防冻、防高温、防倒置和防重压等标志。

(七)母种贮藏

长满菌丝的母种要求及时使用,若因故不能及时使用,则存在对母种的适当贮藏的问题。一般应在4~6 ℃条件下暂时贮藏,可以将母种放在金属饭盒中盖上,置于家用冰箱的冷藏室内进行贮藏,但贮藏期不宜超过90天。

四、灵芝原种及栽培种生产

灵芝的原种,是指由灵芝母种的菌种块移接到木屑等培养基中,经过保温培养,菌丝体数量不断扩大增殖而成的菌种,主要用于进一步扩繁栽培种,当然也可以直接用于接种栽培袋;灵芝栽培种是指由原种经过扩大再繁殖成大袋的用于接种栽培袋的菌种。

原种和栽培种的生产，都是在扩繁灵芝的菌丝体数量，在培养料配方、生产工艺流程、培养管理等均大同小异，其二者在本质上没有差别。

（一）工艺流程

灵芝原种和栽培种的生产工艺流程是：培养料选择→培养料配制→装瓶（袋）→灭菌→冷却→接种→培养→质量检查→成品。

（二）原料选择

生产优质合格灵芝原种和栽培种，必须选择质量好的主料和辅料作为培养料，菌丝体生长所需的营养才丰富，菌种才会优质。适合灵芝原种和栽培种的培养料较多，凡是能够做栽培灵芝的农林副产物或其他含纤维的有机物均可作为原料。

1. 主料

生产灵芝原种和栽培种，常见的主要原料有：阔叶树木屑（又称杂木屑）、棉籽壳、玉米粒、小麦粒等。要求原料新鲜，未霉变、无酸臭味。

2. 辅料

生产灵芝原种和栽培种，常见的辅料有：麦麸、米糠、玉米粉、蔗糖、尿素、硫酸铵、过磷酸钙等。其中，麦麸、米糠、玉米粉等有机物辅料要求新鲜，未霉变、无酸臭味；蔗糖、尿素、硫酸铵、过磷酸钙等化学物质辅料要求是正规合格产品。

（三）常用培养料配方

配方一：杂木屑（阔叶树木屑）78%，麦麸或米糠 20%，蔗糖 1%，石膏粉 1%。

配方二:杂木屑 70%,麦麸或米糠 25%,尿素 1%,蔗糖 2%,石膏粉 2%。

配方三:杂木屑 73%,麦麸 20%,玉米粉 5%,过磷酸钙 1%,石灰 1%。

配方四:杂木屑 75%,米糠 25%,另加硫酸铵 0.2%。

配方五:棉籽壳 44%,杂木屑 44%,麦麸或米糠 10%,蔗糖 1%,石膏粉 1%。

配方六:杂木屑 80%,米糠 20%。

配方七:玉米粒 98%,蔗糖 1%,石膏 1%。

配方八:玉米粒 83%,杂木屑 12%,麦麸 3%,蔗糖 1%,石膏 1%。

根据本地原料来源的具体情况,可灵活地选择上述培养料配方。

(四)培养料配制

适宜灵芝原种和栽培种的培养科配方较多,下面以上述配方一(木屑培养基)为例,详细介绍配制 100 千克培养料的配制方法。

1. 称料

根据配方比例,分别称取杂木屑 78 千克、麦麸 20 千克、蔗糖 1 千克、石膏粉 1 千克,将蔗糖放入盛有适量水(约 5 千克)的容器里,用木棒不断搅拌,使其充分溶解成为蔗糖水,将其装入喷雾器或洒水壶中备用。

2. 拌料

首先,将杂木屑倒在干净、平滑的水泥地面上,用铁铲将其摊平;将麦麸、石膏粉均匀地撒在木屑上面;用铁铲将它们干拌均匀,再摊平。然后,用喷雾器或洒水壶将蔗糖水较为均匀地洒在料面上,之后,再用铁铲充分搅拌,再继续边搅拌边加入清水,直至料、水拌和均匀,加水总量(含蔗糖水)为 120~150 千克,使培养料含水量达到 65%左右,可用手随意抓起一把拌料,手捏后指缝间有 2~3 滴水滴出即可（木屑培养基较硬，不易用此法，一般凭经验判断其含水量是否合适）。然后将原料堆成小山状，至少需堆放一晚上使木屑等培养料吸够水分，然后就可进行装瓶（袋）作业。

有条件者或者生产规模较大者，可用拌料机拌料。用拌料机拌料，具有拌料均匀、降低劳动强度、速度快、效率高等优点。

3. 装瓶

装瓶通常用食用菌专用玻璃瓶（750 毫升），作为装灵芝原种和栽培种培养料的专用菌种瓶，瓶口用棉塞或塑料纸封口。

（1）装料。手工装料要求下松上紧，装料时左手握住瓶颈，右手向瓶内装料，边装边上下抖动，一直装到瓶肩，再用直角状小压角工具（捣木）将料面压实、压平，并不断向瓶内补料，这样可达到下松上紧要求。

整体上装料应松紧度适宜。适宜松紧度的培养料，营养、水分情况及透气性良好，利于菌丝生长，一般以肉眼观察到培养料有空隙即可。培养料若装得太松，则营养少、保水性差、料易干；装料太紧，则透气性差、菌丝不易蔓延下伸、生长缓慢。

生产原种和栽培种规模较大时，建议使用食用菌专用装瓶机，其速度快、省劳力、效率高。

（2）打孔。用打孔木棒（上粗下细、直径 1.5~2.0 厘米）在瓶中的培养基中央钻一个洞，钻至瓶子的近底部位置，并一边旋转一边拔出。

（3）清洁。培养料分装后，将瓶倒转竖直浸入盛有清水的盆子内，洗净外壁，然后将瓶提起略微倾斜，让少量水进入瓶颈处，把瓶旋转洗净上部内壁，注意不要让水渗入培养料。

（4）封瓶口。棉塞要求松紧适中，以手提棉塞瓶离地而棉塞不脱出瓶口为度，棉塞具有透气性好的优点。棉塞的做法：用手将棉花卷成棉塞，或将棉花铺放在左手中央，在棉花中部多放一块棉花，再用右手食指顶住左手中心棉花，再将左手棉花折回形成一圆头棉塞，撤回右手食指，将做成的圆头棉塞朝外，其余棉花塞入瓶口之中。塞入瓶口的棉塞不要超过 2 厘米。然后用牛皮纸包住棉塞至瓶颈处，用棉绳或麻绳扎紧，以防棉塞在灭菌过程中受潮。

封口的塑料纸采用聚丙烯材料，先将其裁剪成合适大小，封上瓶口后用橡皮筋将其扎严即可，其透气性没有棉塞好，但具有操作方便、省工省时等特点。

（五）灭菌

装好瓶要及时进行灭菌，最好做到当天装好的瓶料，当天灭菌。

当生产灵芝原种和栽培种的数量较大时，多使用较大型的高压蒸汽灭菌锅，如立式高压蒸汽灭菌锅、卧式高压蒸汽灭菌锅。

但无论哪种高压蒸汽灭菌锅，其灭菌操作方法基本一致。

首先打开高压蒸汽灭菌锅的锅盖，按照说明书加足所需水量，然后把料瓶放进锅内，盖紧盖子，关闭放气阀门，开始加热。当压力表上指针指至 0.05 兆帕时，慢慢打开放气阀缓慢放出锅内冷空气，放气速度一定要慢，否则会将棉塞冲掉，指针回到 0 时表明锅内气体放尽，这时再关闭放气阀。继续加热，指针指到 124 ℃时，保持 2 小时后停止加热，锅内压力下降至 0 后，打开放气阀放尽锅内气体，然后打开锅盖。将料瓶搬入冷却室或接种室，冷却后备用。

若无高压灭菌设备，也可采用常压锅灭菌，但灭菌时应在锅内温度达到 100 ℃后维持 10~16 小时，以确保灭菌彻底。

上述配方二至配方六的灭菌方法均可参照上述方法进行。

配方七和配方八的灭菌方法则是：选择不霉变、颗粒饱满的玉米粒，用石灰水浸泡 12 小时（石灰用量为玉米干重的 20%）后，用水冲洗 4~5 次，再煮 2 小时左右（不破皮、无白心为宜），沥干多余水分，装瓶（袋），高压灭菌 2.5 小时后，冷却备用。任桂梅等（1999）认为玉米粒中添加适量木屑等辅料制作灵芝原种，不仅可以增加培养基的通气性和营养物质，而且还能够降低制种的感染率和生产成本。

（六）接种前准备工作

1. 确认种源质量

在扩接菌种前，应选好需要扩繁的母种种源、原种种源，并对其进行再次确认，目测无霉菌、细菌等杂菌和异物，管内瓶内菌丝不能有拮抗线，同时应使用不萎缩、不脱壁的新鲜菌种。液体菌种与颗粒菌种接种前一定要严格进行无菌检查。

2. 接种室消毒

原种和栽培种接种一般在接种室或接种箱内进行。接种前将接种室的地面和墙壁、接种箱的内外壁清洁。料瓶经过灭菌后，待瓶温降到 30 ℃时就可移进接种室或接种箱内，接种室（箱）内备齐接种作业所需的酒精灯、接种针、打火机等工具。开启紫外灯对空间进行杀菌，30 分钟后关闭紫外灯。可根据内部空间大小参照使用剂量用气雾消毒剂熏蒸内部空间。每次接种工作完毕后都要彻底整理清洁接种室或接种箱，将用具、材料搬出室（箱）外，及时整理台面，清扫地面。

3. 操作人员准备

在进入接种室接种前，操作人员还需在缓冲间里，按要求穿干净的专用工作服，戴上口罩、头帽，用消毒水洗净双手。

（七）原种的接种方法

1. 管壁、管口消毒

取一支灵芝斜面母种，用 75%酒精棉球涂擦母种的试管上部外壁和管口四周，进行表面消毒处理。

2. 母种斜面切割

点燃酒精灯。在酒精灯火焰旁，左手握住斜面母种，右手小指夹住棉塞将棉塞左右旋转松动并外移取出，迅速将管口置于火焰上。让火焰短暂烧灼后上移至火焰上方封口；右手大拇指与食指捏起接种锄，在火焰上烧灼，冷却后伸入母种试管内，将母种斜面均匀地横截割为6~8份含菌丝培养基块。

3. 种块转接

（1）双人操作。一个人负责拿原种瓶，并用无菌操作拔开原种瓶棉塞，另一个人按无菌操作方法，将截割的灵芝菌丝与培养基块，迅速移入原种瓶中的培养料上；或接两块菌种，将一块灵芝菌丝块放入原种培养科的孔穴内，另一块放置在培养料面上，然后持原种瓶的人进行无菌操作，塞上棉塞即完成原种接种。一支母种斜面可接种6~8瓶原种。两人的配合要熟练，操作时速度尽量快，以减少灭过菌的培养料与外界空气接触的时间。值得注意的是，进入接种作业时，绝不能有人员在接种室随意走动，以免空气流动导致杂菌感染。

（2）单人操作法。可将原种瓶放置在接种架上，使酒精灯与原种瓶口相距1.5厘米左右，并可拔下棉塞后，再在酒精灯旁将灵芝母种按前述方法取下，移接到原种瓶培养基平面上。在接种过程中要用酒精灯火焰封口，瓶口要在火焰上烧灼，接种动作要准确、迅速、熟练。

接原种时，可先将母种斜面靠棉塞方向的斜面尖部约0.5厘米薄斜面与菌丝刮掉，不用偏干、培养基又薄部分的菌丝接原种，主要是为了避免该处菌丝出现意外或偶尔带有杂菌。

（八）栽培种的接种方法

栽培种的灭菌、接种和原种基本相同，只是栽培种是由原种再次扩繁而成。

1. 木屑原种扩繁栽培种

用木屑原种接栽培种时，接种方法与接原种方法相仿。用接种铲将原种木屑铲碎成 2 厘米左右的小菌种块，或用接种勺捣碎菌块，再双人配合无菌操作或借助接种器无菌操作接栽培种。如栽培种系塑料袋容器，操作更应小心地轻拿轻放，避免塑料袋被弄破。通常 1 瓶原种可扩繁 50~70 瓶栽培种。

2. 谷粒原种扩繁栽培种

接种时先将原种表面的一层玉米粒或麦粒除去不用，再在火焰上烧灼接种铲和瓶口，然后用接种铲挖取一铲或用灭过菌的长柄镊子夹一小块菌种接入，接种量不宜过多，接入的菌种也不要用力挤压，避免影响活力。

（九）培养管理

培养灵芝原种和栽培种通常在培养室中进行。

1. 原种培养方法

将接种的原种瓶搬进培养室，整齐地摆放于培养架之上而不能挤压成堆。将培养室的温度控制在（27 ± 1）℃，进行恒温培养。培养室内要避免有直射光线进入，保持室内空气流通，维持室内空气相对湿度在 60%~70%。25~30 天后灵芝菌丝可长满料瓶。

原种瓶放进培养室数天后，要开始逐瓶检查有无感染杂菌。如发现有被感染的或生长不正常的原种瓶，都要及时地清除出去。

谷粒菌种要特别注意检查霉菌感染，尤其在玉米粒的胚上易感染木霉与青霉杂菌。在培养 4~5 天后，菌丝已经逐渐生长蔓延，经严格确认无杂菌时，摇动菌瓶，摇散板结的玉米粒或麦粒，满足灵芝菌丝生长所需氧气。

2. 栽培种培养方法

栽培种的培养与原种培养基本上相同。如果用塑料袋作为栽培种容器,那么要特别注意轻拿轻放,注意空气流通。栽培种在培养室里培养 7 天之后,当灵芝菌丝在木屑料中向下生长 2~3 厘米时,应尽量不动,维持 1 周左右检查 1 次即可。在检查过程中,一旦发现塑料袋有杂菌感染,且被灵芝菌丝覆盖时,必须立即剔除,以防后患。

当温度适宜时,栽培种长满瓶(袋)的时间为 25~30 天,菌丝发菌长满后应及时用于栽培生产。不宜长期存放,否则菌种老化影响质量。若因故实在不能及时使用,则可在培养室短时间存放,但最多不超过 10 天,若在低温下可适当延长存放时间。

(十)原种和栽培种的质量

原种和栽培种质量的优劣,直接影响灵芝栽培产量的高低、质量的好坏,以及经济收益。

1. 基本特征

优质的灵芝原种和栽培种应具备如下基本特征:菌丝体洁白、粗壮、浓密,生长整齐、均匀,菌龄适当而无菌皮出现,培养基不干枯萎缩,无杂菌、无虫害。

2. 质量要求

作为商品灵芝原种和栽培种,应参照商品母种质量要求,具备灵芝的特异种性,外观上显著地表现出灵芝原种或栽培种的基本特征,有相应的标签,包装上印有规定的标志等。

五、灵芝菌种的保藏方法

(一)菌种保藏的原理

灵芝菌种保藏的原理是:人为营造外部环境条件,抑制灵芝的生长和繁殖,使其新陈代谢维持在最低限度,生命活动处于休眠状态而又不至于死亡,以免发生变异。这种外部环境条件宜低温、干燥和真空(隔绝空气)。因这种新陈代谢是相对静止的,故可以保存较长时间。灵芝菌种保藏一般保藏灵芝的菌丝体。食药用菌菌种有多种保藏方法:干菌种保藏法、湿菌种保藏法;常温、低温和超低温保藏法;孢子保藏法、菌丝保藏法和基物保藏法;暂存保藏法、短期保藏法、中长期保藏法和长期保藏法。

灵芝菌种保藏是栽培中一项重要的工作,经过保藏的菌种,在应用时应保持原有活力,不老化、不衰退、无污染;为此,要求在保藏中有一套科学的管理措施,即采取低温下干燥保藏,以降低菌丝的呼吸强度,减缓生长速度。常用保藏方法有试管低温保藏法、液体石蜡保藏法和担孢子滤纸保藏法等。

(二)试管母种保藏方法

1. 低温保藏法

灵芝母种保藏的培养基用 PDA 培养基。要挑选菌丝生长均匀,颜色洁白,刚长满试管的母种。培养基有足够的水分,可延长保藏时间。冰箱温度调至 4 ℃,把母种用防水黑色纸包好放入,保藏时间为 3 个月。

如果要继续保藏,需要移植到新管中,待长满后再放入冰箱。

灵芝试管母种低温保藏中注意事项如下。

(1)选择耐保藏的培养基,如 PDA 培养基;培养基还需加入少量的缓冲剂,如 0.2%的磷酸二氢钾或磷酸氢二钾,以中和菌种保藏过程中菌丝代谢产生的有机酸。

(2)保藏的灵芝母种应是刚移植过,发满试管的时间不久的,具有较强的生长势,以保证菌丝的活力。

(3)将试管口的棉塞改为胶塞,并用石蜡封口,用黑色油纸把试管包好,防止培养基水分蒸发。

(4)冰箱内温度要保持在 4 ℃左右,不能过低,否则会造成培养基结冰而脱水。温度过高时菌丝会加快呼吸,缩短保藏时间。

(5)经保藏的菌种在生产使用之前要先移植活化,然后挑选生长势头强的进行扩大繁殖。

2. 液体石蜡保藏法

液体石蜡保藏法是将灵芝菌丝浸没在经过灭菌的液体石蜡中,抑制菌丝的新陈代谢,延缓细胞的衰老,确保保藏效果较好。

操作方法:先将液体石蜡倒入锥形瓶,在灭菌锅中进行灭菌,冷却后在接种箱中倒入已挑选的要保藏的试管中,注入量以液体石蜡能淹没斜面并高出 1 厘米为宜。如果斜面不被全部淹没,培养基的水分会由露出部位慢慢蒸发,缩短保藏时间。

石蜡在灭菌时要彻底,在 0.147 兆帕压力下,要维持 30 分钟。灭菌后将石蜡放入干燥器中,将石蜡中的水分蒸发掉,使之变得透明。

注入石蜡后的灵芝母种要竖直地放在试管架上,然后放入冰箱。不可平放,以免石蜡溢出。

用液体石蜡保藏的灵芝菌种一般情况下能保藏 3~5 年,甚至可达 10 年之久,启用时仍能保持菌种原有的活力。使用时不必将石蜡倒掉,只需用接种针通过石蜡挑出适量的菌丝,转入新的试管中。原石蜡试管可继续放入冰箱中保藏。

3. 液氮超低温保藏法

液氮超低温保藏法是目前世界上普遍使用的长期保藏微生物菌株的较佳方法。由于超低温会使菌株代谢活动下降到最低限度,又由于二甲基亚砜或甘油等保护剂会进入细胞内,使低温状态下细胞内水分不会形成冰晶,因而可保护细胞长期存活。

操作方法:将斜面或培养皿上长好的灵芝菌丝取黄豆粒大小,连同培养基移入灭过菌的专用指形塑料管中,再注入灭过菌的

5%~10%二甲基亚砜或甘油，拧紧瓶盖后用矿烛蜡沿瓶盖及瓶口接缝处密封。指形管固定在铝制固定杆上，再集中放入液氮罐内。应定时对液氮罐添加液氮。启用菌种时先将指形管置于35~40 ℃水浴中解冻，后取菌块移入新鲜斜面培养基上。

在有液氮来源的地方，可将一些较珍贵的灵芝菌种存放在液氮中长期保存。

4. 担孢子滤纸保藏法

在适宜条件下灵芝优良菌株的担孢子，可存放数年，便于科研及育种。其优点是设备简单、易保存、易运输、保存期长；缺点是较易污染。

操作方法：让灵芝新鲜担孢子掉落在灭过菌的干燥滤纸上，将滤纸剪成小条状，放入灭过菌的安瓿后用棉塞封口置于干燥器中干燥1~2天，取掉棉塞将瓶口熇封后置于4 ℃冰箱中保存。

启用菌种时将滤纸条剪成小块后放入斜面，或将滤纸条用无菌水稀释之后倒入平板中，挑取纯正的单菌落移管。

（三）固体原种保藏法

保藏好质量优良的原种，一旦生产季节到来，用原种扩接原种或接栽培种，可节省人力和时间。

操作方法：培养基中的木屑，应该掺有一半绿豆大小的木粒。待菌丝长入培养料1/2至2/3高度时，取出菌种瓶，用灭菌过的薄膜与牛皮纸代替棉塞封口，绳扎紧后再用矿烛蜡封密。将菌种瓶用黑布或黑纸包好后置于4 ℃的冰箱中保存。

使用时应刮除菌种表层1~2厘米厚，弃去，先接少许至斜面试管中，发现无污染后方可使用。扩种后，若发现菌丝萌发慢，易发黄或其他异常情况，亦应淘汰。

亦可将菌种瓶消毒后破瓶，从瓶底取菌丝扩接。底部菌丝菌龄较短,较不易污染。

固体原种保藏法一般可存半年,放冰箱可存一年。其优点是保藏设备简单,适合农村基层较大规模菌种生产用。其缺点是易污染,长期存放易导致菌种衰老、退化。

(四)灵芝原种及栽培种的保存

灵芝的原种、栽培种在菌丝发满到使用前会有一段保存时间,这段时间内如果保存不当会影响菌种活力,保存时应注意几个问题。

(1)当原种、栽培种菌丝发满后,要立即移出培养室,及时淘汰受污染的瓶(袋)。

(2)菌种移入保存室,室内保持干燥、通风、凉爽,窗户要用黑布遮光,保证室内光线较暗。

(3)室内温度要保持在 5~10 ℃,在气温不超过 15 ℃的条件下,菌种能保存 1~2 个月,其活力不会降低。

(五)灵芝菌种的老化、退化和复壮

菌种的老化和退化是两个不同的概念。随着菌龄的增长,养料的消耗,菌种必然会出现老化现象。老化的菌种生命力减弱,其产品质量与产量均会受到影响。菌种退化的本质是染色体的变异。菌种的整体性能将不因外界条件影响而变得恶劣,而且这种性能会遗传给子代,这就称为菌种的退化。

细胞内酶合成能力下降、病毒感染、极性变异与单核化、菌株长期低温保藏及频繁的无性繁殖都可能引起菌种的退化。菌种一旦退化,菌株生长可能出现角变、菌丝越长越稀疏、产孢能力下降、代谢产物产出变化等各种表现形态。

最简便的菌种复壮方法是淘汰已退化菌种。对液氮或液体石蜡保藏的菌种或滤纸保藏的担孢子进行移管培养,若培养菌株能恢复到原菌株的生长状况,即为复壮成功。

另一种方法为对该菌株进行人工栽培,然后对子实体进行组织分离或孢子分离,观察得到的菌丝体能否恢复到原菌株的长势。

如果还不行,那只有重新进行菌株分离或对原菌株进行单孢杂交、诱变等育种措施,以期获得优良的菌株。

(六)灵芝菌种的鉴定

灵芝菌种的质量好坏是其产量高低的首要条件,无论是经过长期保藏的菌种还是引进的菌种,在使用前都应进行严格的鉴定,经过严格的把关,淘汰劣质菌种,选用优质的菌种,才能保证灵芝的产量。常用的鉴定方法如下。

1. 外观鉴定

经过活化复壮的母种或引进的新母种,通常透过玻璃试管能观察到菌丝生长情况,凡菌丝洁白粗壮、生长整齐均匀,气生菌丝具有极强的爬壁力,菌丝有弹性,这样的母种为优质菌种。如菌丝呈现灰白色,生长稀疏且不整齐,这样的菌丝生长势弱,不宜再使用,应淘汰。灵芝原种、栽培种可透过玻璃瓶或塑料袋观察,凡菌丝呈现浓白色、粗壮、生长势头强、吃料快的,为优质菌种。

2. 干湿鉴定

灵芝菌种培养基的湿润与否,也是菌种好坏的重要标志。灵芝母种的琼脂培养基新鲜不脱水,菌丝湿润而有弹性,为优质菌种。凡母种培养基明显收缩,失水严重,菌丝倒伏,有时出现黄褐色斑点,表明母种保藏时间长,菌种老化,不宜使用。

灵芝的原种、栽培种的培养料含水量充足时,拿在手中有重量感,菌丝浓白而湿润,表面分泌有淡黄色露珠,属优质菌种。凡菌种培养基干缩,拿在手中有明显的失重感,菌丝脱水而干黄,表明菌种存放时间长、菌种老化、活力下降,不宜使用。

3. 菌种菌丝生长速度鉴定

灵芝母种菌丝移入新的试管或接入原种培养基，放在恒温条件培养，菌丝生长速度快且整齐，浓密粗壮，为优质菌种。凡在扩繁中，菌丝迟迟不吃培养料，发满全瓶的时间长，应淘汰处理。

4. 显微鉴定

取少量的灵芝菌种气生菌丝，放在载玻片上，滴 1~2 滴蒸馏水，盖上盖玻片，在 600~800 倍的镜头下观察菌丝的微观特征，观察菌丝的均匀度、颜色，有无异常菌丝和杂菌菌丝，从而判断菌种的优劣。

5. 出芝鉴定

灵芝菌种如果是由孢子萌发获得的，需要通过实际栽培，根据其出芝情况来判断是否为优劣种。常用瓶栽出芝方法来测定菌丝生长的快慢、出芝的早晚，抗逆性的强弱及转化率的高低，筛选出优质菌种应用于生产。

参考文献

[1] 宫志远，王世东等. 灵芝 蛹虫草 天麻栽培与加工新技术. 北京：中国农业出版社，2005：1-27.

[2] 谭伟，郑林用等. 灵芝生物学及生产新技术. 北京：中国农业科学技术出版社，2007：38-63.

[3] 谢春芹，曹正等. 灵芝不同部位分离菌种的栽培性状比较[J]. 中国食用菌 2016，35(1)：28-30.

第三章　灵芝栽培技术

在自然条件下,灵芝常生长在雨量适宜、气候温暖、疏密相间的阔叶林中,见于伐木的近地表处或树根。每年夏秋生长,秋末终止,次年春暖时再萌发出芝。因此,根据灵芝生长发育特点,应选择适宜的季节和场所进行栽培。

1. 栽培季节

灵芝喜高温,其菌丝生长和子实体的形成都需要较高的温度,出芝的适宜温度为 25~28 ℃。根据北方气候特点，5 月份气温回升,该月平均温度在 20 ℃左右,接种后的菌丝经 25~30 天发好，6~9 月份正是灵芝子实体生长最适宜季节。因此,灵芝代料栽培,适宜季节应是 3~4 月制备菌种，5 月份投料栽培发菌，6~9 月份是灵芝生长和收获季节,塑料大棚升温、控温条件好,则可延长栽培时间。南方地区 2 月中旬制种，3 月下旬至 4 月上旬栽培为宜。段木栽培,北方地区 2 月份准备段木，3 月份接种，7 月中旬采完第一批灵芝。南方地区 11~12 月份准备段木，12 月份接种,翌年 2 月下旬至 3 月上旬埋于土中,6 月底首批灵芝采收结束。

2. 栽培场所

灵芝栽培有室内栽培和野外阴棚栽培等模式。室内栽培灵芝可搭塑料大棚、地棚,也可利用空闲的蔬菜大棚、蘑菇房或旧房、厂房等。由于室内环境易控制,栽培的灵芝生长快、虫害少、产量高;室外栽培是仿照野生环境,虽然不如室内方便,但通风好、光线足,生长的子实体肉厚、质坚、质量好。无论室内还是室外栽培,栽培场所必须保证清洁卫生,近水源,通风、光照条件良好,保温、保湿性能好,有排水条件等。

一、灵芝代料栽培技术

代料栽培就是用人工配制的培养料代替木材培养灵芝子实体；段木栽培就是将树材锯成一定长短的段木，然后用来栽培灵芝。代料栽培灵芝，由于培养料中营养成分丰富，比木材疏松，透气性好，因此灵芝菌丝及子实体生长快，生长周期短，从接种到采收仅为 3 个月，灵芝产量高，100 千克干料可产干灵芝 8~12 千克，但芝体质地较疏松；段木栽培灵芝，菌丝及子实体生长速度慢，一次接种可收获 2 年甚至 3 年，灵芝产量较低，但灵芝质地坚厚，有光泽，灵芝的售价也较高。

代料栽培又有瓶栽和袋栽两种，现在袋栽居多。

（一）瓶栽法

瓶栽法是传统的灵芝栽培法。常用的栽培瓶有 750 毫升无色菌种瓶或广口瓶。

1. 配料

适宜灵芝栽培的原料很多，如杂木屑、棉籽壳、玉米芯、豆秸、甘蔗渣等均可做主料，辅料可添加麸皮、米糠、玉米粉、白糖、饼肥、石膏粉等。木屑栽培灵芝，质量好，质坚；棉籽壳栽培灵芝，产量高，品质差，子实体中的灵芝多糖及灵芝酸含量较低。实际生产时，既要考虑产量，也要考虑质量，故最好用木屑与棉籽壳等混合料栽培。无论用哪种原料，原料必须干燥、新鲜、无霉变、无虫蛀，木屑要过筛，玉米芯要粉碎成颗粒状，秸秆料要粉碎，使用前最好暴晒 1~2 天。栽培灵芝常用配方有：

（1）棉籽壳 77%，麸皮 20%，尿素 0.4%，磷肥 1%，石膏 1%，石灰

0.6%。

（2）棉籽壳 88%，麸皮 10%，糖 1%，石膏粉 1%。

（3）杂木屑 78%，麸皮或米糠 20%，糖 1%，石膏粉 1%。

（4）棉籽壳 50%，杂木屑 38%，麸皮 10%，糖 1%，石膏粉 1%。

（5）玉米芯 50%，棉壳或杂木屑或其他秸秆碎料 29%，麸皮 20%，石膏粉 1%。

（6）玉米芯 74.5%，玉米面 24.5%，石膏、草木灰各 0.5%。

按配方称好料，将麸皮、米糠、玉米面、石膏粉先与主料拌匀，再将溶于水中的糖、化肥等辅料加入主料，充分拌匀，培养料含水量为 65%~70%，pH 值 5~6。

2. 装瓶、灭菌、接种

将配好的培养料装入干净的菌种瓶或广口瓶中，装满压实，中央打一个洞，以利通气。装好后用聚丙烯薄膜封好瓶口，小口瓶用棉塞封口。装好的料及时灭菌，以防料酸败变质。高压灭菌在 0.14 兆帕压力下灭菌 2 小时，常压灭菌 100 ℃温度下灭菌 8~10 小时。料冷却后在无菌室（箱）接种。

3. 培养

接种后将瓶子转入培养室培养，室温控制在 28 ℃左右，空气相对湿度 65%~70%，培养室最好设有培养架，分 4~5 层，竖瓶排列，提高培养室利用率。培养室每天通风 1~2 次，以保证培养室空气新鲜。当菌丝已全部长满料面并已长入料 2~3 厘米时，即可松盖，或将棉塞提高，但不拉出，以增加瓶内通气，促进菌丝生长。

4. 出芝管理

培养一个月左右时间，子实体原基即开始形成并逐渐发育成菌蕾，此时须及时拔去棉塞，将瓶倒放，成卧式横排，也可转至另一间专用栽培室。卧排的瓶子，每排可重叠 10~12 瓶，以提高培养室利用率,也便于管理,更适合于灵芝发育期的生理需要。此时培养室的管理工作,主要是创造适合灵芝生长的温度、湿度、通风、光照等良好的环境条件。室内温度最好控制在25~28 ℃,空气相对湿度为85%~90%,每天向空间喷雾4~5次,经常保持地面湿润状态,且不可直接喷到子实体上和瓶内,以免诱发杂菌,导致菌体霉烂。在正常温度下,每天早、晚开窗1~2小时,若温度低于20 ℃通风可在中午进行,并可在培养瓶堆上覆盖塑料膜,提高小气候温湿度,但需定时掀膜通风。必要时,进行人工加温。若室温高于30 ℃,卧放的瓶堆最好每隔3~4层夹放空瓶一层,以利散热。同时增加通风、喷水的次数和时间。同时,整个培养期间都要做到室内光线充足均匀。正常情况下,从菌蕾形成起约需20天,即可开始采收。

(二)袋栽法

目前,我国的灵芝生产已由传统的瓶栽转为塑料袋栽培。塑料袋栽培具有投资少、产量高、成本低、用工省与便于机械化操作等优点。

1. 配料

参照瓶栽法。

2. 装袋

配制好的料堆闷1~2小时后及时装袋,及时灭菌,尤其在高温季节,当天拌好的培养料必须当天灭菌。选厚0.03~0.04厘米低压聚乙烯或厚0.04~0.05厘米聚丙烯,袋宽16~17厘米,长35厘米。一般每袋装干料300~500克。有条件的,最好使用装袋机装料。装料前先将袋子的一端用绳扎紧袋口,装料时要使袋内培养料松紧一致,装好袋后,把另一端袋口扎紧即可。小心操作,防止摩擦刺破料袋。

3. 灭菌

常压 100 ℃ 条件下灭菌 10 小时。上火要猛，最好在 4 小时内达到 100 ℃。高压灭菌时要求压力 0.14 兆帕保持 2~2.5 小时。

4. 接种

料袋冷却到 30 ℃以下时在接种室或接种箱内进行接种。接种时，由两人配合操作，一人负责打开和扎紧袋口，一人负责接入菌种。接种时动作力求迅速，以减少操作过程中杂菌污染的机会。一般来说，750 毫升菌种瓶，棉籽壳料每瓶可接 20~25 袋，麦粒料每瓶可接 40~50 袋。

5. 发菌管理

接种后的菌袋，移入消毒好的培养室内，分层排放，袋口朝外，一般每排放 6~8 层高，排架间留人行道。在菌丝封满料面之前，培养室温度以 21~23 ℃为佳。菌丝封料后温度控制在 22~25 ℃，不能超过 28 ℃。空气相对湿度为 65%，如果湿度过大需开门通风，可在地面撒些干石灰以降低湿度。每隔 3~4 天菌袋上下调动一次，以保持每袋的料温平衡，检查并防止杂菌污染。当菌丝发满四分之一时，就应增加袋内外空气交换，促进菌丝生长，具体措施有两种：一是在菌丝生长前缘菌丝生长处用消毒细针轻扎 7~8 个扎；二是将袋口绳子自然松开。灵芝菌丝生长不需光照，强光照射会降低菌丝生长速度，使子实体提早形成。在上述条件下，经过 25~30 天，菌丝便可满袋进入出芝管理阶段。

6. 出芝管理

袋栽灵芝出芝模式有自然出芝和覆土出芝两种，自然出芝现在主要采用的是墙式两头出芝。

（1）墙式两头出芝。墙式两头出芝具有管理方便、空间利用率高、出芝整齐、芝盖大、芝柄短、商品性状好的特点，每 100 千克干料可产干品10千克左右或鲜品50~60千克。具体方式是:选地势较高的空闲地,按东西方向搭棚,长10~15米,宽3~5米,棚顶搭拱架,覆盖薄膜和麦秸。棚两端为出入口,南北两侧分设通风口若干个。在棚内做畦,宽50 cm,畦间开浅沟作为走道和排水沟,或地面上每隔70厘米宽,放一行两砖长的单层砖做畦,并在棚畦间灌水浸湿畦床,提高地棚湿度。当菌袋两头表面转色,见有白色突起的芝蕾时,剪开两头塑料口,让空气进入,促进芝蕾生长。口的大小,以不超过2厘米为宜,切勿把袋口薄膜全部撑开,以免造成菌丝袋失水,影响子实体形成。剪开袋口后即可排放菌袋,排放菌袋时两头朝外,在畦面上面堆放5~7层。当菌袋料面有多个芝蕾出现时,用消毒剪刀剪去多余部分,每袋只保留2~3个芝蕾,使养分集中,长出盖大朵厚的子实体。灵芝棚内温度应控制在26~28 ℃。高于30 ℃,易出现污染和畸形芝,可在棚外覆盖物上喷洒井水以降低棚内温度。低于20 ℃,只长菌柄,不长菌盖,可在中午通风提高棚内温度。在出芝的适宜温度范围内,温度适当低一些(25~26 ℃),菌盖生长稍慢,但质地紧密,发育良好,色泽光亮,盖厚,商品质量好。相对湿度保持在85%~90%,每天棚内喷雾水3~4次,适当通风。盛夏高温季节,湿度过大时,易引起病害发生。湿度低于70%时,幼嫩芝蕾会脱水枯死。出芝期间应适时对芝棚进行通风换气,保持空气新鲜,防止畸形芝发生。若光照低于100勒克斯或光照从单一方向照射时,会使子实体畸形。外界环境条件变化较大,子实体厚薄不均匀,产生瘤状物或菌盖畸形。适宜条件下,一般开袋后15天产生子实体,30天左右子实体边缘白色消失并弹射少量孢子时即可采收。灵芝采收后,停水2~3天,7~10天后可形成新的原基,再经20天可采收第二批灵芝。冬季栽培,棚内可采取加温措施,为保持棚内湿度,可在加热设备上放水壶以增湿。忌用冷水直接喷洒在灵芝子实体上。晴天中午通风换气,应开避风窗,千万不要开对风窗,亦可采用间接通风方式。冬季生产灵芝,成本较高,子实体易出现畸形,一般不宜采用。

(2)覆土出芝。现在采用覆土出芝主要有竖式覆土出芝和墙式覆土出芝两种方式。

竖式覆土出芝主要方法是:畦床挖土深25~30厘米,畦底及四周拍实,用1%~2%石灰水消毒预湿畦床。将长好菌丝的菌袋移入塑料大棚内,用1%高锰酸钾溶液进行袋表面消毒,然后用刀片将袋划破,将发满菌的芝袋全部或部分脱去塑料薄膜,竖立排放在畦床内,袋与袋之间留3~5厘米,空隙中间填满富含腐殖质的菜园土,袋的顶部再撒上2厘米厚的土,土层上面再撒1层大粒沙子或小石子。覆土后,随即喷水。每平方米面积每次喷水不超过1千克。土干时每天可喷数次,达到土粒用手能捏扁,不粘手为止。一般覆土7~10天菌丝可扭结形成原基,半个月以后,原基陆续长出地面,20天左右原基分化形成菌柄。这时可根据出芝密度,适当去掉一些连柄芝,以防菌盖长大后相互挤压,影响质量。菌柄经半个月生长后即陆续长出菌盖,颜色由白色逐步转为淡黄色,进而加深成黄褐色。在这期间,应保持85%~90%的空气湿度,给予散射光,棚内温度提高到28~30 ℃。

墙式覆土出芝主要方法是:将发满菌的菌棒从一端脱掉塑料袋一半,在畦面上相对排成两排,排间相距6厘米,菌袋间距5厘米,用消毒处理后的沙壤土覆盖菌袋,并将袋间空隙填满,土层厚约3厘米。如此共堆6~7层,最上层用泥土封顶,做成水槽形,每隔30厘米打一个注水孔,以便灌水增湿。最后用稀泥封闭墙面。菌墙建成后,将菌墙两侧袋口剪开,控制温度在25~30 ℃,空气湿度85%~90%,保持良好通风透光条件,约经7天即可出现芝蕾。幼芝生长期间,除喷水保湿外,每隔2天向水槽中灌注营养液(尿素、糖各500克,磷酸二氢钾200克,维生素$B_1$100克,加水100千克)。由于水肥充足,灵芝一般个体较大,头潮芝直径可达7~15厘米,大者可达20~25厘米,头潮芝采完后停水5天,再按前法管理,10天左右可采第二批灵芝,菌盖直径在5厘米以上的约占70%以上。

7. 采收

子实体成熟的标准是灵芝菌盖不再增大，盖面色泽同菌柄，芝盖边缘白色生长圈消失转为棕褐色，并有大量孢子吸附在芝盖上时即可采收。采收时可用果树剪或手将芝体从柄基部剪下或摘下。剪下芝体后的剩余菌柄亦应摘除，否则很快从老菌柄上方长出朵形很小或畸形的灵芝。第一批子实体采收后不久，就长出第二批灵芝子实体。

8. 孢子粉收集

孢子粉的收集一般采用套袋法。当菌盖背面隐约可见咖啡色孢子时，即可套纸袋，袋大小一般为 36 厘米× 26 厘米，套袋要适时，过早则灵芝子实体伸出袋外形成畸形灵芝，过迟则会影响孢子粉的收集。套袋时从上往下套，动作要轻，并用橡皮筋将袋子固定在瓶或袋上，以防孢子散失。套袋后的管理以保湿为主，并注意通风换气。保持相对湿度在 90%，每天通风至少 2 小时，昼夜开气窗，手触纸袋有潮湿感，走进棚内有阴凉感。如遇高温天气，应注意通风、降温、降湿。收集孢子时先拆开纸袋，用刷子轻轻将纸袋上的孢子刷入盒内，然后将子实体摘下。采收后的孢子放在盘上及时烘干，然后装入塑料袋中密封保存或放在干燥器内，注意防潮、防霉。

（三）鹿角芝的栽培

鹿角芝是灵芝的一种畸形形态，具有一定观赏价值。近几年由于国际市场的需求，鹿角芝（俗称灵芝草）的栽培逐渐兴起来。栽培方法主要是采用室内代料栽培，一头出芝。其配料、装袋、灭菌、接种、发菌管理过程与灵芝袋栽法相同，不同的是在出芝管理期对光照和通风的管理与灵芝正好相反，具有特殊要求。鹿角芝的生长需要比较暗的环境（光照小于 300 勒克斯），棚内二氧化碳的浓度以 0.1%~1.0%为宜，以促使其只长芝柄不分化芝盖。当芝柄长至 25 厘米以上时，便可采收。

二、灵芝枝条捆绑袋栽技术

以枝条捆绑塑料袋栽技术，采用枝条捆绑栽培灵芝，原料来源广，菌丝发菌时间短，栽培时间较原木栽培明显缩短，灵芝产量较原木栽培高。

（一）生产工艺流程

栽培季节选择→枝条准备→捆绑→灭菌→接种→菌丝培养→开畦→埋土→管理（水分、通气、光线）→出芝→子实体发育→采收。

（二）栽培场地选择

室外栽培场所最好选择土质疏松、地势开阔、有水源、排水良好、偏酸性沙质土、交通便捷的疏林地或田地里，栽培场需搭建 2.5~3 米高、宽 4 米的阴棚，棚内分左右两畦，畦面宽 1.5 米，两畦中间留 60 厘米宽的走道，两边留排水沟，沟宽 30 厘米、深 30 厘米，用黑色遮阳网（遮光率 85%）覆盖棚顶，栽培大棚坐北朝南。

（三）季节安排

灵芝属中高温性菌类，头年 11 月开始至翌年 1 月制袋，3 月底至 8 月可出两批灵芝。各地气候不同，可根据本地气候特点调整生产安排。

（四）菌种安排

选用良种是灵芝优质高产的首要环节。一是菌种的遗传性状要好，二是菌种繁育的质量要好。目前生产上普遍使用的有信州灵芝和韩国灵芝，表现为适应性广、稳定性好、抗杂抗污能力强、芝大形好、一级品率高、产量高等特点。除了选择优良菌种外，在培养灵芝的三级种中都要严格把关，注意合理配料，繁育好洁白粗壮、生命力强的适龄菌种，为灵芝的优质高产打下一个坚实的基础。

（五）栽培材料

一般来说，凡是适于香菇、木耳栽培的树种的树枝，也可用于灵芝栽培。其中以壳斗科树种较理想，特别是青冈属、栲属和栎属树种为最好。除此之外，杜英科、金缕梅科等树种也很适合灵芝栽培。栽培灵芝的好树种有壳斗科、金缕梅科和桦木科等。棉籽皮或多种农作物秸秆栽培。

（六）捆绑装袋

将细枝条切断，粗枝条需劈成小块，长度为 30 厘米，粗 1~2 厘米，用纤维绳把数根枝条捆绑在一起。用 20 厘米宽的聚乙烯或聚丙烯塑料袋，一端用线扎紧，另一端用套环封口，每袋装料 2~3 千克，中间空隙需用木屑填满。

（七）灭菌

采用常压土蒸锅高温灭菌，将菌袋整齐叠放后用蒸汽炉通入蒸汽灭菌，菌袋叠放时，每两三层须留出空隙或采用一层横排一层竖排（即“井”字形）叠放。当温度达到 100 ℃后保持 10~12 小时不中断，中途若需要加水，最好备好开水。整个过程做到开始大火使温度很快上升至 100 ℃，最后 1~2 小时用旺火攻尾，使之彻底灭菌。灭菌结束后闷 3~5 小时，等灶内温度降至 70 ℃以下才逐渐开灶门，取出后放入冷却室内用消毒药物熏蒸冷却。搬移叠放菌袋时采用合适的塑料筐，做到轻拿轻放，切忌袋膜破坏。若用高压灭菌装袋时用聚丙烯袋分装，0.137 兆帕压力保持 2 小时，使之自然降温。

（八）接种

等料袋冷却后，用气雾消毒盒熏蒸消毒，30 分钟后进行相关操作。先将塑料袋表层的菌种皮弃去，采用双头接种法。两人配合，一个人解开绳口，另一个人在酒精火焰附近将菌种撒入，并立即封口扎紧。另一端再用同样的方法接种，周而复始。随后分层堆放在层架上。接种过程应尽可能缩短开袋时间，加大接种量，封住栽培料料面，降低感染率。

（九）菌袋培养

菌袋放在通风干燥的室内较暗处培养，放室外时要有遮雨、保湿、遮阳措施。菌袋立体墙式排列，两菌墙之间留通道，以便于检查。接种后 1 周内要加温到 25~28 ℃培养，有利菌丝恢复生长。菌丝生长中后期若发现袋内有大量水珠产生，则要加强通风或降温，每天午后开门窗通风换气 1~2 小时。一般培养 20 天左右菌丝便可长满整个表面。这时可结合刺孔放气，减少袋内积水。通过开门窗换气增加袋内氧气，促进菌丝体向木质部深层生长。室内培养期约 2 个月。对污染的菌袋，可脱袋清洁杂菌后重新灭菌培养，但用种量宜大些。

（十）排场覆土

排场覆土时间应选择 4~5 月天气晴好时进行。场地应事先清理干净，注意白蚁的防治。覆土前一个月选择晴天翻耕，撒上石灰消毒，日光暴晒数日建畦，做畦开沟，畦高 10~15 厘米，畦宽 1.5~1.8 米，畦长按地形决定，除去杂草和碎石。畦面四周开好排水沟，沟深 30 厘米。有山洪之处应开好排洪沟。

排场应根据菌丝生长成熟度和杂菌感染情况进行分类，去袋后按序排行。菌袋排场应选择气温稳定在 20 ℃以上的晴朗天气，菌袋之间间距 5 厘米，行距 10 厘米。排好菌袋后覆土 2 厘米厚，以菌料半露或不露为标准。覆土深浅厚薄应视栽培场湿度大小酌情处理。覆土可用肥泥土、砻糠土、砂壤土或焦泥灰,有利于灵芝生长。

(十一)出芝管理

1. 光照

灵芝生长对光照相当敏感,过阴则灵芝子实体柄长盖细小,再加上通气不良和二氧化碳浓度高,会形成鹿角芝。菌蕾形成期及子实体开片期都需要光照,而子实体开片期对光照的需求高于菌蕾形成期。菌蕾形成期的光线通过遮阳物调节至七分阳三分阴,在子实体开片期,晴天温度合适,可揭去遮阳物甚至塑料薄膜。

2. 温度

灵芝子实体形成为恒温结实型,菇蕾分化的温度为 20~34 ℃,最适温度为 26~28 ℃。当温度高于 30 ℃时,要增加拱棚及阴棚上的遮阳物,温度低于 20 ℃时,将拱棚上塑料薄膜盖严,有太阳时揭起遮阳物,增加棚内温度。

3. 湿度

覆土层土壤水分保持在 20%左右,即手捏土粒能碎但不粘手。菌蕾生长期,棚内湿度保持在 80%~85%,子实体刚开片时,每天喷雾状水 1~2 次,从侧面喷向子实体,完全开片期,要加大喷水量和次数,子实体散发孢子时应停止喷水,防止冲走芝盖表面的孢子。

4. 通气

灵芝属好气性真菌,在良好的通气条件下,可形成正常肾形菌盖,如果空气中二氧化碳浓度增至 0.3%以上,则只长菌柄,不分化菌盖。为减少杂菌危害,在高温高湿时要加强通气管理,让畦四周通气,揭膜高度应与菌柄高持平,这样有利分化菌盖。中午高温时,要揭去整个薄膜,但要注意防雨淋。

注意事项:排场覆土菌袋要有一定间隔,不让子实体互相连接。并且要控制菌料上灵芝的朵数,一般每个菌袋生长 2 朵为宜,过多灵芝朵数将使一级品数量减少。防止雨淋或喷水时泥沙溅到菌盖造成伤痕,造成品质下降。海拔高的地区出芝后应于霜降前用稻草覆盖菌袋畦面,厚度 5~10 厘米,防止冻害,清明过后再清除覆盖的稻草。

三、灵芝段木生料栽培技术

分长段木和短段木两种,前者长 1 米,后者长 10~15 厘米。

(一)选树及处理

1. 适生树种

枫杨、悬铃木、栎树、榆树、桦木、樱桃、梨树等阔叶、落叶、无芳香、无毒的树种均可采用,常绿阔叶树也可用。树龄 7~10 年,树径 6~15 厘米。

2. 砍伐截段

伐树应在落叶后至翌年萌芽前进行,枫香树等含水量高、易发芽抽青的树种应在年内冬至前砍伐。砍伐时要求不损伤树皮,砍伐后让其吹风失水,促使组织死亡。接种前锯成段,浸水 12~15 小时,增加含水量,以利发菌。

(二)接种发菌

1. 打孔接种

用直径 9.6 毫米的皮带冲安装在接种锤上打孔,孔距 8 厘米,行距 4 厘米,深 1.5 厘米,随即用短柄接种枪逐穴接入新鲜的灵芝菌种,然后用树皮盖封穴。接种选晴天进行,做到边打孔、边接种、边封穴,流水作业。接种量适中,达八分满即可。

2. 堆叠发菌

长段木以“井”字形堆叠，高约 1 米，底部用石块或废木垫空 15 厘米以上；短段木则将数段连成一长段木，平行直放一排，上层横放一排，直至约 1 米高，底部用石块、竹帘或木板垫起离地 15 厘米左右。顶部及四周覆盖薄膜控温保湿。要求堆内温度控制在 20 ℃以上、28 ℃以下，晴天中午气温高时应撑膜通风降温。

3. 翻堆控湿

每周将段木上下、内外翻动 1 次，促进发菌均匀。翻堆时酌情喷水，保持树皮盖呈潮润状态。第 2 次翻堆后薄膜要求封而不严，避免高温、高湿、不通气而遭杂菌滋生。约经 30 天，接种穴和树皮下长满菌丝，发菌结束。

（三）埋土养菌

1. 制菌床

选排水良好、有水源、清洁卫生处或树荫下做菌床。畦床宽 1.2 米，深 20 厘米，长不限，床畦间留走道，四周开排水沟。畦床底部撒白蚁粉或石灰防虫蚁，而后撒一层细土盖没药剂。

2. 排段木

长段木横向排放在菌床内，段木间距 5 厘米，段木上部要求在同一平面上；短段木则竖放在菌床内，间距 7~10 厘米，上部高出床沿 2 厘米。

3. 覆土

以无杂质的细壤土填没段木间隙，而后上面覆 2 厘米厚的土层；竖排的短段木用土填满床面后，露出土面部分用土覆盖成龟背形。忌用黏土，红黄壤土需掺砂或稻壳拌匀后覆盖。

4. 搭阴棚

离菌床高 50 厘米搭矮棚,棚上盖草帘,外覆薄膜,防止直射光和大雨冲刷。菌床四周种瓜蔓,可以保湿并在夏季起到降温效果。如有条件搭高棚,则通透性更好,管理也方便。

5. 养菌管理

发菌阶段菌丝仅向树皮方向生长蔓延,积累养分不多,必须促菌丝向木质部延伸,积累充足养料,使子实体茁壮生长。这阶段控温 25 ℃左右,减少水分供给,仅在连续晴天表土干燥发白时喷水,以湿润为度,下层土应保持稍干燥状态。养菌 30~40 天。

(四)出芝管理

当段木两端断面上具有一圈黄白色菌丝时,即进入子实体发生阶段,此时应增加空间的湿度、段木的含水量和明亮的漫射光,促使原基形成。晴天喷水 1~2 次,保持土壤湿润。7 月初子实体陆续发生,第 2 年 5~7 月盛产,第 3 年仍可发生。

四、灵芝短段木熟料栽培技术

段木栽培就是将树材锯成一定长短的段木用来栽培灵芝。段木熟料栽培灵芝,是将段木进行灭菌后再接种、培养、长出灵芝。这种方法的产量较低,但灵芝的质地坚硬、厚实、有光泽、灵芝酸含量比代料栽培高,因而售价也较高。一次接种栽培可收获 3 年。

(一)栽培季节与树种选择

1. 季节

南方生产的季节可在 11 月中旬至 12 月下旬,或者在 2 月中旬至 3 月上旬;北方生产的季节一般安排在 3 月上旬至 4 月上旬,以上季节栽培均可在当年收获 2~3 批子实体。接种季节推后较晚，出芝时温度过低，均会影响当年产量或推迟出芝时间。

2. 树种的选择

段木栽培灵芝，可根据当地林业资源选择硬质阔叶树种为好，如栎、槭、桦、槐等材质较坚的段木均可栽培灵芝，其中以壳斗科的栲树、苦槠、甜槠、米槠，杜英科的山橄榄，金缕梅科的枫香，蔷薇科的山桃为好。松、杉、柏等针叶树和樟、桉等含抑菌物质，不能用于栽培灵芝。砍伐期要求在灵芝栽培前 15 天左右或“三九”时砍伐，接种前 1 周左右截段，木材含水以 38%~45%最适宜。

3. 段木处理

段木砍伐与截段段木的砍伐要求在灵芝栽培前 15 天左右或冬季“三九”时进行，接种前 1 周左右截段，树木胸径大小以 8~20 厘米为宜，段木长 12~15 厘米。大口径段木截圈可略短些，小口径段木可略长些。截段时要求长短一致，断面平整，并用利刀削去段木身上的毛刺和枝丫突起，以免操作时刺破塑料袋。段木含水量要求为 38%~45%，以断面中部有 1~2 厘米裂痕为宜。

（二）灵芝段木熟料栽培

1. 装袋

装段木的塑料袋有两种，一种是一袋装一根段木的窄塑料袋，袋长一般为 35 厘米左右；另一种是一袋装一捆段木的宽塑料袋，一般直径 40~60 厘米，袋长 40~50 厘米。段木按直径大小分别用铁丝捆扎，每捆大小依塑料袋规格而定。捆扎后，段木断面要平整、紧实，如段木过干，每袋装入 500 毫升清水，装入塑料袋后扎紧袋口进行灭菌。

2. 灭菌

装袋后的段木以堆叠式排放在灭菌锅内,常压灭菌 100 ℃保持 10~12 小时;高压灭菌 0.15 兆帕保持 2 小时。高压灭菌时进气和放气速度要缓慢,灭菌结束后不要排气,让其自然降压。

3. 接种

接种前应预先把接种室清洗干净,并进行一次熏蒸灭菌消毒,按每平方米段木用种量 80~100 瓶,接种前先将菌种在无菌条件下挖去表层老化菌皮,用 75%酒精擦拭瓶口后用消毒过的塑料薄膜盖好,将菌种搬入接种室。接种时三人一组,一人接种,一人开闭袋口,一人搬运段木。接种后将袋口塞入少许消毒棉用线扎紧,以利透气。袋内有积水的,应排掉积水,袋子破损处要用胶布封口。接种用菌种的菌龄为 30~35 天,接种时要求将菌种铺满段木断面。为加速灵芝菌丝生长,接种量可适量增大。

4. 堆棒发菌

接种后的段木要及时搬入通风干燥的培养室或遮阴、遮雨、保温、光线较暗的室外培养场地,以"品"字形排放,堆叠 3~5 层。保持培养场地温度 20~25 ℃ ,空气湿度 65%左右,黑暗或弱光。培养期间每隔 6~7 天翻堆 1 次,使其发菌均匀。

温度 25 ℃以上,接种后 2~3 天菌丝开始萌发,1 周内菌丝联结成片,随着菌丝生长旺盛,呼吸量加大,菌袋内开始产生水珠,菌丝难以深入菌材内部,菌材表面就会形成皮状菌膜,皮状菌膜多,会降低产量。温度低于 25 ℃ ,菌丝萌发、生长缓慢,但随着菌丝生长,如袋内湿度过大,也容易在段木表面形成菌皮。因此,当菌丝定植后应加强通风降湿,其方法依不同地点、不同季节、不同段木含水量、不同培养环境采取不同的处理措施。如在冬季低温培养时,可剪去菌袋双角,去水后塞上无菌棉花,使袋内空气对流同时达到去湿的目的;还可采用注射针抽出积水,然后用胶布封死扎破口等措施。段木含水量高、袋内湿度大的，要通过加大通风的办法达到去湿目的；加强通风可使段木表面干燥，抑制杂菌生长，促进菌丝向段木内部生长。一旦灵芝菌丝在段木上定植后，会在段木表面形成红褐色菌被，其他杂菌就难以在段木上定植。段木接种后 40~50 天，菌丝即可长满木段，成为菌棒。成熟的菌棒段木之间菌丝紧密连接不易掰开，木质部呈浅米黄色，表皮指压有弹性，断面有白色结晶兼部分红褐色菌膜，段木重量明显减轻。当菌棒断面出现豆粒状芝蕾时，便可安排室外埋土出芝。

5. 栽培场所选择与建造

栽培场宜朝向东南，地势平坦，靠近水源，排水方便，疏松砂质土壤，通气性好，pH 值 5~6 为宜。场地选定后，于晴天翻土深 20 厘米，去除杂草、石块，暴晒后做畦。畦宽 1.5 米、长 10~15 米，畦高 20~25 厘米，南北走向，四周设排水沟。畦上方搭遮阴棚，高 2 米，采用宽幅塑料布封顶，薄膜上再用草帘遮阴，以降低亮度和降低辐射热。棚四周用秸秆等做墙，以保持湿度和有利通风换气。

6. 埋土与出芝管理

菌棒埋土应选择气温 15~20 ℃的晴天进行，切忌雨天操作。事先在整好的条畦中，挖成深 18~20 厘米的地沟，沟底撒少许灭蚁粉，小心开袋取出菌棒，接种面朝上立排于畦床内，排列要平整，行距 5~7 厘米。排列后即覆河沙 2~3 厘米厚，间隙用河沙填平。最好再撒适量火烧土，并淋少量水分，保持土壤湿润，覆一层稻草作为缓冲层以防喷水时泥土溅在芝盖上。控制土内温度，保持在 26~28 ℃，棚温 28~30 ℃。菌棒埋土后 13~16 天便可出现芝蕾，芝蕾露土时顶部呈白色，基部为褐色，菌柄生长到一定程度时，当通风量、温度、湿度和光照条件适宜时，菌盖正常分化。所以，在适宜温度下，出芝的管理重点是水分、通风和光照条件的控制。具体方法是：根据土质、气温、棚保湿情况，灵芝生长阶段采取适宜的喷水量。在芝蕾露土、菌盖出现前，保持棚内空气相对湿度为 80%~90%，使土壤保持疏松湿润状态，土质干、子实体生长多时要多喷水;气温低、阴雨天、土质黏,少喷水或不喷水。芝蕾刚露土时,减少通风次数,促其芝蕾伸长形成芝柄。待芝柄长到 5~6 厘米时,在高温高湿时,要及时加大通风量,低温时,采取中午通风。当芝盖分化接近成熟时,给予偏干管理,加强通风,使畦床和菌棒的湿度偏干,而且空气相对湿度适当降低,这样可降低芝体生长速度,增加芝盖的致密度,使芝体外观匀称美观。出芝阶段,保持较强的散射光,光照度宜为 1000~1500 勒克斯,但要避免阳光直射。

7. 采收段木

栽培灵芝,自接种到采收需 100~120 天,采收标准和采收方法同代料栽培。采收时注意不要触摸芝盖底面,以免留下痕迹。霜降后,菌木停止出芝,进入冬眠休养时期。当采完最后一批灵芝子实体时,清理畦面废物,在菌木表层铺 4~5 厘米厚的细沙土,不让菌木裸露在地表,并铺一层稻草保温,覆盖时疏通水沟,排尽场地积水,待翌年清明节后,气温稳定在 15 ℃以上时,清除畦面稻草,重新覆盖塑料薄膜,再按上述方法进行出芝管理。段木栽培可出芝 2~3 茬,每立方米段木可产灵芝干品 20~25 千克。

五、灵芝大田栽培法

据辽宁省农科院情报研究所赵德江(2002)报道,大田栽培灵芝具有产量高、质量好、商品外观美的优点。现将栽培要点介绍如下。

(一)培养基配方

棉籽壳 88.8%,麸皮 10%,石膏 1%,磷酸二氢钾 1.2%,按常规拌匀备用。

（二）装袋灭菌接种

将聚丙烯筒料，制成 15 厘米 × 35 厘米的袋子，一端扎紧，然后装料至袋口 6 厘米左右时压实料面，用绳子将口系紧。常压灭菌，升温至 100 ℃时，保持 10~12 小时，然后冷却至 30 ℃，移放到接种室内进行接种。

（三）菌丝培养

灵芝生长的适宜温度为 26~28 ℃，温度低于 20 ℃时生长缓慢，菌丝细弱。发菌期间应保持空气流通，温度不要太高，否则易污染。菌袋 25~30 天即可长满菌丝。

（四）大田栽培

（1）整地。建畦大田栽培应选择保水性能好、易排灌的平地。按南北向挖成畦，宽 120 厘米，长 700 厘米，深 35 厘米，畦四周筑成 10 厘米高的埂，畦与畦之间留 80 厘米的走道，走道上挖排水沟。

（2）栽植。栽植前用敌敌畏 500 倍液喷洒畦床灭虫，再撒石灰粉进行消毒灭菌。间隔一天后再进行栽植。将发好菌丝的灵芝栽培袋脱掉，直立于畦内，菌棒间距离 10 厘米，其空隙用碎土填平。整畦排满后，浇一次透水，待水渗完后，畦面覆土 1~2 厘米，以菌棒似露非露为宜。

（3）盖膜。栽植后，在畦埂上用细竹竿搭小拱棚，覆盖宽 2 米、长 7.5 米的塑料薄膜，上盖稻草片遮阴。

（4）管理。应保持畦内覆盖土的湿润，温度保持在 26~28 ℃，超过 33 ℃要向草上喷水降温。经 5~6 天可出现原基，定时在畦两头揭膜通风，再过 3~4 天原基分化出菌柄和菌盖。

（五）出芝管理

灵芝有向光性，拱棚要加盖稻草片，保持棚内有充足的散射光，否则易产生畸形芝。原基形成后，畦内湿度要保持在85%~90%，湿度过高要通风降湿，湿度过低则要喷水。随着菌盖一环一环地向外扩展、加厚增宽，颜色逐渐变成赤褐色，经20天左右开始弹射孢子，这时停止向灵芝喷水，以免冲掉孢子粉影响质量，但要勤浇水保持土壤湿度和棚内湿度。灵芝在整个生长发育阶段都需要充足的氧气，因此在管理上既要保湿、保温，又要通风透气。

（六）病虫害防治

若发现绿霉菌、毛霉菌、链孢霉、尺蠖、菌蝇等，可用石灰粉覆盖。其他病虫害可在棚内悬挂敌敌畏棉球，用菊酯类农药2000倍稀释液，在害虫发生期喷洒。

（七）适时采收

在菌盖充分展开，有大量孢子粉，边沿白色生长区消失，整个菌盖赤红、色泽均匀时即可采收。用刀子在菌盖基部割下菌盖，及时晒干或烘干，包装出售。

六、灵芝仿野生栽培法

据河北省科学院生物所李育岳、汪麟（1996）报道，参照野生灵芝的生态环境，推广露地仿野生栽培灵芝，不仅设备简单，管理方便，生产成本低，而且出芝整齐，芝形正常，芝盖厚大，芝柄短，色泽纯，商品性状好，产量高，一般每100千克干料可产干芝10千克以上。其栽培方法如下。

（一）栽培季节

灵芝喜高温，出芝的最适温度为25~28 ℃。栽培期安排在4~5月为好，6~8月为出芝最适季节。利用夏季高温季节，一年栽培一次为宜。

（二）培养料配制

1. 培养料配方

（1）棉籽壳100千克，玉米粉3千克，麸皮5千克，石膏1千克，水150千克，拌匀。

（2）棉籽壳89%，麸皮10%，石膏1%，料水比为1：（1.4~1.5）。

（3）棉籽壳42%，木屑42%，麸皮15%，石膏1%，料水比为1：（1.4~1.5）。

2. 配制方法

按照配方要求比例，准确称料，然后加入清水拌匀。配制培养料时，要做到拌料均匀，严格控制含水量，pH值5~5.5，以偏酸性为好。

（三）装袋

配制好的培养料，经闷堆1~2小时，让料内吸足水分后再装袋。装袋时，取宽17厘米、长35厘米、厚0.04厘米的低压高密度聚乙烯塑料薄膜筒，先用塑料绳把筒的一头扎好，接着用手将培养料装入筒内（大量栽培时，可采用装袋机装袋），边装料边压实，使袋壁光滑而无空隙，装料接近筒口时，把筒口合拢用塑料绳扎好。一般每袋装干料300~350克。

（四）灭菌

料袋装好后，应立即进行常压蒸汽灭菌，在温度达到100 ℃以后，要保持温度稳定，火力均匀。灭菌时间达到 8~10 小时后，要闷置一段时间，使锅内温度下降后，方可打开蒸锅，趁热将料袋移入接种室（箱）。在搬运料袋时，应轻拿轻放，防止硬物把袋扎破。

（五）接种要求

接种时严格按无菌操作规程进行，一般由两人配合操作。先点燃酒精灯，用灭菌镊子剔除菌种表面的老化菌种，将菌种弄碎，在点燃酒精灯的无菌区内，一个人打开料袋两头的扎口，另一个人分别接入菌种，然后再把袋口扎好。接种时动作力求迅速，以减少操作过程中杂菌污染的机会。

（六）发菌培养

发菌温度保持在 25 ℃以上，空气相对湿度保持在 60%~70%。发菌期间要通风换气，保持空气新鲜。前期培养室内要保持黑暗，以利菌丝生长；后期给予适当光照，以利子实体形成。当菌丝封住料面，并向料内生长 5~6 厘米时，解开袋口塑料绳，让空气进入袋内，以促使菌丝生长。在适宜条件下，经过 30 天左右，菌丝长满全袋后转入出芝管理阶段。

（七）出芝管理

1. 建造地棚

露地出芝，也要搭荫棚，以采用通风、透光性较好的简易地棚为宜。选择地势高燥，有水源，土质为壤土或黏土的庭院或村旁的空闲地，按东西方向搭棚，长 10~15 米，宽 3~5 米。棚内做畦，畦宽 0.5~1 米，畦间开浅沟作为作业道和排、灌水沟。棚顶搭拱架，上面覆盖薄膜和稻麦秸等，以保湿遮阴。棚的四周用高粱秸秆等做墙，以利通风换气。

2. 出芝方式

袋栽灵芝以堆积两头出芝和覆土出芝两种方式为好。

（1）堆积两头出芝。地棚内畦床提前1~2天灌水浸湿，提高湿度。然后将发好菌的芝袋整齐排放在畦床上，两头朝外，堆高5~7层。当芝袋两头表面转色，见有白色突起的芝蕾时，剪开两头薄膜口，让空气进入，促进芝蕾生长。薄膜口的大小，以不超过2厘米为宜，尽可能小些。开口小形成的芝体少而大，开口大形成的芝体多而小。切勿把袋口薄膜全面撑开，以免造成芝袋失水，影响子实体形成。

（2）覆土出芝。畦床挖土深25~30厘米，将发满菌的芝袋脱去塑料薄膜，竖立排放在畦床内，袋与袋之间留3~5厘米空隙，中间填满富含腐殖质的菜园土，袋的顶部撒一层2厘米厚的土，土层上面再盖一层大粒砂土。覆土后，向畦内灌水，使畦床湿透，促使菌丝尽快扭结，覆土后7~10天即现芝蕾。

3. 管理要求

为提高灵芝质量，在芝蕾出现后要注意做好疏蕾和温度、湿度、通风和光照等小气候条件的调节。

（1）疏蕾。芝袋料面有多个芝蕾出现时，应疏去一些，每袋只保留2~3个芝蕾，使养分集中长出大芝。

（2）调节温度。灵芝产量和质量与温度有密切关系。在25~28 ℃，芝体生长正常，产量高，质量好。露地出芝应安排在6~8月气温较高、较稳定的季节。在盛夏高温季节，白天阳光辐射，温度过高时，可在棚外覆物上喷洒井水，以降低棚内温度。在出芝的适宜温度范围内，温度适当低一些（25~26 ℃），使芝体生长稍减慢一些，可使灵芝质地紧密，芝盖发育好，色泽光亮，盖厚，商品质量好。

（3）增高湿度。灵芝芝芽发生后，芝棚内必须保持较高的湿度，促使芝芽表面细胞的正常分化。每天定时向棚内喷雾状水，同时在畦内灌水，保持畦土潮湿，但湿度过高亦不利于灵芝生长，且易发生杂菌和病害，引起芝袋腐烂。

（4）增强光照。出芝阶段必须有充足的光照。光照不足，往往只长芝柄，芝盖分化困难，芝体瘦小，发育不正常。芝棚内光线要均匀，光照强度以棚内能阅读书报为度。灵芝具有向光生长的特性，出芝期间不要随便移动芝袋的位置和改变光源，否则会影响其正常生长发育。

（5）加强通风。芝体发育对二氧化碳特别敏感，出芝期间，适时对芝棚进行通风换气，保持空气新鲜，以防止畸形芝的发生。

4. 采收和采后管理

露地栽培灵芝，一般可以采收二潮芝，搞好采收后的管理，可提高二潮芝的产量和质量。采芝后除常规管理外，要着重补水。方法是：①对失水过多、芝料干枯萎缩、重量明显减轻的芝袋，用注水器向料内注水补湿；②两头出芝的芝袋，在头潮芝采收后脱去塑料薄膜，按覆土出芝方法将芝袋埋入畦床内，灌水浸湿。经过两周的管理，可继续长出二潮芝。

七、灵芝林下覆土栽培法

据广西田林县农业局黄艳芳（2011）报道，充分利用林地资源优势和林荫空间环境栽培灵芝，使林、农业实现资源共享、优势互补、循环相生、协调发展，构建稳定的生态系统，达到林地生物多样性，是林业产业化新的经济增长点，为农民增收致富开辟新的路子。现将林下灵芝覆土栽培技术介绍如下。

灵芝是一种木材腐生菌，属于高温型品种，灵芝菌丝生长最适宜的温度为 25~29 ℃，空气相对湿度保持在 60%左右。出芝最适宜的温度为 25~29 ℃，空气相对湿度保持在 85%~90%。灵芝是一种向光明显的菌类，子实体向光强的一面生长，要求均匀的散射光。子实体对空气中的二氧化碳特别敏感。通风不良，空气中二氧化碳过多，子实体不易开片或呈畸形。灵芝喜欢在偏酸的环境中生长，pH值以4~5适宜。

（一）菌袋制作

1. 栽培料的配制

配方1：杂木屑40%，玉米芯（秆）40%，米糠13%，玉米粉5%，白糖1%，石膏1%，多菌灵0.1%，pH值6~7。

配方2：杂木屑50%，玉米芯（秆）30%，米糠10%，玉米粉9%，石膏1%，多菌灵0.1%，pH值6~7。

（1）配制。先将玉米芯水浸泡吸透水，捞出沥干水，与杂木屑、米糠、石膏粉等拌匀，含水量120%~130%（加水至握培养料指缝间有水痕而不滴水为宜）。

（2）装袋。袋的规格有15厘米×35厘米、17厘米×35厘米、17厘米×45厘米等，常压灭菌用聚乙烯袋，高压灭菌用聚丙烯袋。每袋装干料450~750克。装袋时要注意上下松紧一致。装培养料至袋长的3/5，然后用棉线绳扎紧另一端。

（3）灭菌。把压装好的菌袋放于高压锅或常压灶内消毒灭菌，采用高压灭菌，当压力升到 1.47×10^5 帕（$1.5\ kg/cm^2$）时，保持2~2.5小时；常压灭菌要求在4~5小时使料温迅速上升到100 ℃，并开始计时，温火控制，保持灶内水沸腾，使温度一直保持在100 ℃，持续10~12小时，停火后闷5小时。

（4）接种。接种可在接种箱、接种室内进行，规模化生产常在接种室内进行。搞好接种室清洁卫生，关好门窗，按1立方米空间用福尔马林10毫升、高锰酸钾5克的比例，对接种室熏蒸约3小时以上，把菌袋、菌种、接种用具等移到接种室后，待温度降到30 ℃左右时，将消毒好的料袋移入无菌室接种。

接种前先做好个人卫生，有条件的最好换鞋、工作服、工作帽，进入接种室后，再用75%酒精消毒手部，后用0.1%高锰酸钾消毒液消毒接种用具（接种钩、小刀等），把菌种浸到消毒液中，再用小刀在袋口下2厘米处把菌袋薄膜割掉，去掉老化菌皮后接种。接种时要将菌种分成小块迅速均匀地撒在袋口料面，接种后折叠菌袋口用橡皮筋绑好或用塑料绳活结扎紧袋口，一袋栽培种可接料袋25~30袋。

（二）发菌管理

将已接种的菌袋移入消毒好的培养室内，有培养架的可立放在培养架上或按架高分层排放，每排之间距离10厘米；没有培养架的在地上分层排放，一般每排放6~8层高，每排之间留有人行通道。培养室保持22~30℃，空气相对湿度保持50%~60%，每天通风半小时，检查并防止杂菌污染，一般经30~50天（低温时菌丝生长缓慢）菌丝便可长满菌袋。培养过程中环境要干净卫生、通风干燥，室内保持黑暗，防鼠害。

（三）覆土出芝及管理

选择遮阳度较好的林地，于3月初进行覆土。在林下整地，清除杂物，把表土集中堆放作为覆土用土，后挖沟做畦，畦宽80~100厘米，深25~30厘米，长度视场地而定，畦地要拍平，四周要开好排水沟。当灵芝菌筒长满、转色后，先割去菌筒底部塑料膜，然后去除菌筒露出培养料5厘米左右，直立排放在畦床上，菌筒之间保持4~5厘米的距离，然后用细碎的沙土或富含腐殖质的山土、表土填实，覆土后随即喷水，每次用水量不超过1千克/平方米，达到土粒用手能捏扁，且有少许泥胶粘手为宜（以后直至出芝结束，覆土层湿度基本保持这个要求），每畦用小竹片加盖小拱膜保湿。

覆土后保持温度25~28℃，注意保湿、通风。一般覆土定植后

7~10 天,菌丝即扭结成原基。13~15 天,原基可陆续长出。20 天左右,原基分化出菌柄,这阶段每天要把畦床上的薄膜底部揭开,每天通风 2~3 次,每次通风 20~30 分钟,如覆土发白,可结合揭膜喷水,喷水量以覆土含水量 25%、土粒无白心为宜。

当芝袋料面有多个芝蕾时,可用消毒剪疏蕾,每筒保持 2~3 个壮实的芝蕾。膜内要有足够的散射光,且光线均匀,以三分阳、七分阴为宜,保持湿度 85%~90%,喷水时不要让泥土溅在芝盖上。

(四)病虫害防治

1. 白蚁防治

以诱导为妥。即在芝场四周,每隔数米挖坑, 坑深 0.8 米,坑宽 0.5 米。将芒萁枯枝叶埋于坑中,外加灭蚁药粉,然后再覆薄土。投药后 5~15 天可见白蚁中毒死亡。该方法可多次采用,以便将周围白蚁群杀灭。

2. 害虫防治

用菊酯类或石硫合剂对芝场周围进行多次喷施。发现蜗牛可人工捕杀。

3. 杂菌防治

在埋木后如发现裂褶菌、桦褶菌、树舌、炭团类,应用利器刮去污染处,涂上波尔多液,并将杂菌菌木烧灭。

(五)采收及采后管理

当菌盖边缘白色消失,边缘变红,菌盖开始木质化,菌盖不再长大时,子实体已成熟,应立即采收。灵芝不能过老采收,否则会降低药效,又不利于第二次长芝。采收时用剪刀在芝柄基部剪下, 然后除去杂物。

采收后停止喷水1~2天,菌袋按照前一阶段的方法培养管理,又会长出第二潮芝,采收后应及时烘干、晒干。

八、灵芝反季节栽培法

据中山大学生物工程研究中心李刚(1996)报道,灵芝属高温型菌类,在自然条件下冬季难以栽培成功。影响出芝最主要的因素是温度、湿度、光和氧气,反季节栽培,灵芝冬季也能顺利出芝,关键就在于人为创造以上四个条件,满足其生长需要,即可获得理想的效果。

(一)菌种及培养基配方

采用的菌种为赤芝A-M9,由广州中医药保健研究所提供。母种配方为PDA综合培养基:马铃薯200克,葡萄糖20克,硫酸镁1.5克,磷酸二氢钾3克,维生素$B_1$20毫克,水1000毫升,pH值5~7。原种和栽培种配方为木屑培养基:木屑70%,麸皮25%,尿素1%,葡萄糖2%,石膏粉2%,水适量(拌好的料中约含水60%),pH值5~6。

(二)培养室及设施

灵芝的栽培过程大致分两个阶段,即菌丝体生长阶段和子实体生长阶段,故室内栽培灵芝最好将菌丝培养和出芝分成两个房间,以便于控制各自的适宜条件。

1. 菌丝培养室的要求

(1)要清洁、无菌,培养室使用前要可先用40%的甲醛熏蒸24小时,有条件的最好安装紫外灯,定期进行培养室灭菌。

(2)将培养架蒙上黑布,在试验中发现,灵芝在安全黑暗的环境下菌丝生长比在光亮的环境下快,菌丝长满瓶可提前1/3的时间,且菌丝粗壮。

（3）在培养室放几个电炉或电暖器，安装自动调节器控制室温在 28~30 ℃。

2. 出芝房的要求

（1）清洁、无菌，具体做法与菌丝生长房相同。

（2）房间透光性要好，以利于子实体分化。

（3）保持室温在 25~27 ℃，调控方法与菌丝生长房相同。

（4）室内湿度保持在 85%~95%，可在电炉上放大水壶蒸发水分来增加空气湿度；也可经常向地面上洒温水、向空间喷雾状温水来增湿（切勿喷洒在子实体上，以免温差过大造成畸形或停止生长），或在室内悬挂湿布，可长时间保持室内空气湿度。

（5）晴天中午气温高时应开窗换气或间接通风，防止冷空气直接吹到子实体上及使室温散发过多。由于灵芝对二氧化碳很敏感，如用火炉加温，应采取室外生火。采用瓶栽法，培养容器越大，长出的灵芝也越大，故采用 750 毫升透明的蘑菇瓶栽培，这种瓶便于检查菌丝生长情况。

（三）装瓶灭菌和接种

培养料配好后，测量料的含水量，用手取一把料紧握时，见指缝间有水渗出而不下漏时即可装瓶。装瓶至瓶全长的 3/4 处，压平料面，使料松紧适当，用尖木在培养料中央扎一洞至瓶深 2/3 处，加棉塞，高压灭菌 1 小时，待瓶内温度降至 30 ℃ 以下时按无菌操作规则将原种接入洞中。适当加大接种量可缩短发菌期，提早出芝。

（四）发菌和出芝管理

接种后，将瓶搬入菌丝培养室中，竖放在架上，在 26~28 ℃下避光培养。约经 1 周，菌丝可覆盖整个料面，并向下蔓延深入。从培养的第 3 天起，每天逐瓶检查菌丝生长情况，发现有局部污染可挖去染杂菌的表层，重新进行灭菌、接种，对严重污染的应整瓶弃去，检查工作应持续到菌丝料面。约培养 20 天菌丝体就可长满瓶，此时将瓶子移到出芝房中继续培养 7~8 天，待培养基表面现原基时，可拔去棉塞（拔塞不可过迟，以免菌蕾长入棉塞），培养 2~3 周原基分化出的芝柄即可长出瓶口，这一阶段必须满足灵芝对温度、湿度、空气和光线的要求。温度应保持 25~27 ℃，空气湿度调高到 85%~95%，每天定时开窗保持空气新鲜，气温高时在中午开窗，不宜大通风，避免因温、湿度的突变而影响灵芝生长。还应给一些漫散光，促使子实体分化，晚上开日光灯增加光照，可明显加速子实体分化，缩短生长周期约 1 周。但要避免直射日光，否则菌蕾易枯萎僵化；散射光线也不宜过强，否则菌柄一出瓶口就形成菌盖，生长期显著缩短，会影响产量。

（五）采收和贮藏

当子实体颜色由白变黄到红，菌盖周围一圈淡白色消失，从菌管内散发出孢子时，说明灵芝已成熟，应及时采收。由于灵芝孢子有很好的药用价值，故应先用软鬃毛刷仔细将孢子从盖背面刷下收集，烘干贮存。然后用利刀将子实体齐瓶口割下，并在割口处撒一些石灰防霉，这样几天后从割口处可长出新的菌丝，分化形成菌盖。第二次长出的灵芝虽较小，但仍可增加一些产量，烘干后密闭贮存待销。

冬季栽培灵芝，从接种到采收约 45 天，比夏、秋季栽培周期短半个月左右，且灵芝生长正常，产量与夏、秋季栽培接近，所需设备简单，成本低，是一种较理想的灵芝冬季栽培方法，有助于拓宽灵芝生产途径。

九、灵芝菌粮套种法

据河南省桐柏县食用菌办公室王桂富（2009）和科技局任仁

（2009）报道，野生灵芝因其资源有限，近年来价格不断上涨。利用短段木与玉米套种，其单产高于拱棚畦栽，所产灵芝木质化程度高、光泽好，备受商家青睐；尤其是解决了食用菌与农作物争地的矛盾，利用玉米叶为灵芝遮阳，减少了搭建遮阳设施的用工及投入成本，经济效益好。现将该技术要点介绍如下。

（一）生产季节

灵芝与玉米套种，关键是灵芝菌段的发菌准备，必须在3月底、4月初菌袋长满菌丝，并进行覆土栽培，同时把玉米播种在灵芝畦床上。因此要求灵芝菌袋的制袋时间为春节前后的1~2个月，因为只有在此期间制袋接种，才能保证4月底的玉米叶能为幼嫩的灵芝子实体提供遮阳保护。

（二）菌段制作

1. 树种选择与木段处理

生产灵芝所使用的木段为阔叶林杂木的树干或树杈，以鲜湿木段最好，偏干的也可使用，但装袋灭菌前需要经过浸水处理。每截木段长16厘米（将切割机换成合金锯片机械操作可显著提高生产效率），木段截切后用刮刀削掉木段上的刺和树杈，以防扎破塑料袋，如木段过粗可劈开装袋，但树皮面应装在袋内侧。

2. 装袋和灭菌

菌袋可使用17厘米×33厘米或18厘米×35厘米折角聚乙烯袋。装袋前在袋底部放2厘米厚的湿细木屑，然后根据需要用粗细段搭配装满袋，之后在袋内木段上端也放2厘米厚的细木屑，反折收紧袋口准备灭菌。灭菌可采取常压灭菌，100℃维持16~20小时，然后停火冷却，当温度降至30℃以下时可进行接种操作。

3. 接种发菌

接种可采用自制塑膜筒状接种箱。

制作方法：用 2.5 厘米长的筒状塑膜作为蚊帐式接种箱，两面各开两个直径 20 厘米的圆洞，然后缝上棉袖即成。

接种箱使用气雾消毒剂消毒，用量为 10 克/立方米。当经过 30 分钟左右，箱内气雾散落，可视度清晰时即可进行接种操作。接种时先解开菌袋扎绳，在袋表面放一层手指肚大小的菌种块，然后套上套环、塞上棉花即可。如不使用套环，用绳扎一团棉花也可以。

菌袋培养温度为 25~30 ℃。在春节前后制袋，气温比较低，可在码放菌袋的培养室内用管道加温，也可以用土火道加温，一般发菌时间为 50 天左右。

养菌期间要加大培养室的通风量，因为在加温的环境中培养室缺氧，每天应通风 2~3 次，每次 30 分钟左右。

培养 25 天后，可结合翻垛挑杂一次，发现杂菌感染袋，不要轻易丢掉，把它移出室外，另放别处培养，仍可以长满灵芝菌丝，因为灵芝菌丝生命力很强，一般到初夏即可吃掉杂菌长满灵芝菌丝。

（三）芝田选择与做畦

灵芝菌丝喜欢偏酸性的土壤质地，要求土地肥沃且透气性好，芝田可选择交通便利、靠近水源、地势平坦的开阔地，以沙壤土质最佳。用前结合整地施用适量的优质农家肥。芝田平整后，做成宽 2~3 米、长 20 米的畦床，并整成微龟背形。畦与畦之间挖排、灌水沟，宽 50 厘米，深 30 厘米左右，同时也做操作道。

（四）灵芝菌段覆土

在芝田畦床上，做畦埋芝袋，每个畦床可做 2~3 畦，宽 90 厘米，袋间距 6 厘米厚。脱袋后的灵芝菌段，直立排放，然后在菌段上面覆盖 2 厘米厚的细土，每畦覆土后用钉耙平畦表土，使畦面呈微龟背形。

（五）播种玉米

灵芝菌段覆土后，在芝畦上播种玉米，选用叶片平展形玉米品种，玉米株行距 20 厘米左右。播后可用地膜覆盖灵芝畦，主要是为了让玉米苗早出土和让灵芝长出柄。如果不用地膜覆盖，一般灵芝无柄或短柄。完成上述覆土与播种后，芝田浇一次透水，以利出芝。

（六）芝田管理

一般覆土 25 天，灵芝子实体已出土，此时要剔蕾，一般每段留一幼芝，切掉多余芝蕾，玉米苗出土后要及时放苗，以免被地膜烫伤。当灵芝子实体长至 6 厘米左右，就可以去掉地膜，使灵芝在玉米叶子的遮阳下生长。

灵芝生长期间水分管理是产量高低的关键，要及时做好排、灌水工作，要始终保持芝田土壤潮湿。在高温高湿的环境中灵芝才能很好地生长，一般到 7 月底灵芝就能生长成熟。

（七）病虫害防治

灵芝子实体极易受虫危害，一般在芝片初展时喷一次高效低毒的灭扫利，到 7 月初再喷一次即可防治芝体虫害。灵芝子实体虫害应以预防为主，一旦发现有虫就应施药，因为一旦芝体被虫咬食，就会降低子实体的商品价值。

（八）采收和保存

灵芝子实体的采收标准是孢子粉散后 3 周，一般是 7 月底，及时采收可以保证子实体表面光泽，尤其底面光泽对灵芝商品价值影响很大，表面鲜亮的芝体备受收购商的青睐，采芝后最好在 2 天内晒干。

十、灵芝菌草栽培鹿角灵芝法

据福建农林大学菌草研究所林兴生等（2009）报道，鹿角灵芝因子实体形状酷似鹿角而得名，古代中医学把其放在中药的最高位置，只有帝王方能享用。目前，鹿角灵芝风靡整个日本，许多研究单位和会社对其进行研究或生产。据报道，鹿角灵芝多糖含量是姬松茸的4~5倍。鹿角灵芝对以下人体疾病有效：神经系统疾病，如不眠症、神经痛、眼睛疲劳、健忘症；呼吸系统疾病，如肺炎、支气管炎；循环系统疾病，如高（低）血压、心肌梗死、动脉硬化、脑出血；消化系统疾病，如胃肠虚弱、胃溃疡、慢性肝炎、胃酸过多；泌尿系统疾病，如肾炎、尿频、夜尿症、膀胱炎；其他疾病，如异常肥胖、糖尿病、关节炎、白内障等。

福建农林大学菌草研究所将菌草鹿角灵芝出口到日本株式会社（ESPUIR），并在日本栽培出芝，现将相关栽培技术介绍如下。

（一）生长条件

1. 温度

适宜温度17~22 ℃，最低温度14 ℃，最高不超过30 ℃，在适宜温度下鹿角灵芝生长粗壮，产量提高。

2. 空气

二氧化碳浓度尽可能高些，菇棚应遮盖严密，遮盖的薄膜无破洞不漏气，一般情况下在采收前不掀开薄膜。高二氧化碳浓度可抑制菌盖分化，从而形成无菌盖的鹿角灵芝。

3. 湿度

适宜的空气相对湿度为75%~85%，空气湿度长期超过90%，易发生绿霉等杂菌。

4. 光照

光照强度要求 300~400 勒克斯。

5.pH 值

适宜 pH 值为 5.3~6.7。

(二)栽培袋制作

培养料配方:类芦粉 38%、五节芒 40%、麦麸 20%、石膏 2%,含水量 60%。按常规配料。采用 17 厘米 × 38 厘米 × 0.05 毫米聚丙烯塑料袋,料面高 20 厘米,每袋装湿料 1300 克,套环、盖子封口。菌丝满袋后,纸箱包装出口,海运至日本目的地。

(三)菌袋到日本菇棚后的处理方式

菌袋经海运到达菇棚后应立即开箱排菌袋,忌堆放在棚外,温度过高过低、雨水及堆叠皆会严重影响菌袋质量和子实体生长,甚至造成菌丝死亡或子实体不生长。菌袋处理方式:先将菌袋紧挨着排在菌床上,应在最短时间内完成菌袋排床。排满 1 个菇棚后方打开套环盖(保留套环),剪弃高于套环以上的塑料薄膜,松动袋口薄膜,喷清洁水,雾滴要小,盖严棚膜,棚膜用土袋压实,以不漏气为准。

(四)菇棚改造成鹿角芝栽培棚

夏季要培养高质量的鹿角灵芝,必须将菇棚温度控制在 30 ℃以下,且密闭不漏气。

菇棚结构:利用日本蔬菜无土栽培棚,进行适当改造,采取大棚内建小棚的结构。小棚棚膜用较厚的薄膜,以防破洞漏气,薄膜四周必须盖严实,底部用装有泥土的薄膜袋(土袋)压实。

（五）出菇管理

温度高时，最重要的出菇管理是降温，使小棚内温度适宜灵芝子实体生长，可采取喷水降温及拉开大棚四周膜增强对流等方式，如有条件则用地下水喷雾降温，但应注意地面积水应及时清除，长期积水（死水）易引发病虫害，大棚通风时防止空气进入小棚。

（六）病虫害预防

应保持菇棚及周边环境清洁卫生，灵芝基部长霉或烂掉及虫害或已全部坏掉的菌袋，应及时加以处理，即去掉病虫害基部或移出已全部坏掉的菌袋。

（七）采收

鹿角灵芝菌丝长满菌袋需要 51 天，从开袋至原基形成需要 9 天，第一潮灵芝采收需要 26 天。第一批鹿角灵芝成熟时及时采收，采取剪切法采收，沿套环面剪切灵芝。第一潮灵芝采收后，停止喷水，让菌丝恢复 10 天，第二潮灵芝采收需要 32 天，采收后及时盖严棚膜，培养第二潮灵芝。

（八）干燥加工

灵芝的干燥方法宜用太阳晒和烘烤相结合的方法。鲜灵芝先经太阳晒，使水分丧失 40%~50%，然后用烤房烘烤，晒后的灵芝烘烤温度可从 40 ℃ 开始，未经太阳晒的灵芝烘烤温度从 35 ℃ 开始，后每小时升温 1.5 ℃，温度升至 60 ℃ 时烘烤 2 小时结束。烘烤开始时排气窗全打开，50 ℃半开，55 ℃全关闭。烘烤过程中应将上下烤筛调换。烘烤后的灵芝含水量应低于 12%。烘烤应连续进行，中途不宜停止。烘烤后的灵芝应密封保藏以免返潮长霉生虫，若灵芝返潮应及时复烤。

十一、灵芝树蔸就地栽培法

据广西三江县丹洲镇板必村夏子贤(2001)报道,利用树蔸栽培灵芝成本低,方法简单,见效快,可获得较好效益。其技术要点如下。

(一)树种的选择

用于栽培灵芝的树种较多,但以枫、栗木等树种较理想。为便于集中管理,树蔸必须连片集中,树蔸以当年砍伐、不腐烂者为好。

(二)场地的选择

灵芝与其他食用菌一样,同样需要温度、湿度、光线等外界条件,不同的场地条件,其产量悬殊。实践表明,场地以坐北向南、排水良好、土质疏松、透光度在40%的缓坡林地为好,若无上述条件,一般都不宜选用。

(三)树蔸的清理

在每年的农历9~11月栽种前,需要将树蔸提前进行清理。先将树根表土挖开,理出横向根,使之露出地面一半,并在树蔸四周开好排水沟,如树蔸的含水量过大,需要在离树蔸约2米远的地方将横根砍断,让水分从伤口处流出,约1周后才能打眼点种。

(四)菌种的选择

用于生产灵芝的菌种,菌丝必须粗壮、洁白,上下一致,应为无黄、红、绿、黑等杂菌感染的适龄菌种。有自制菌种技术的,最好生产颗粒菌种,这样可以避免在点种时菌种被过度损伤,而影响成活率。

（五）点种要求

树蔸清理结束后，选晴天或阴天用16毫米的皮带冲成品字形打眼。打眼操作要熟练、准确，并要求深入木质部3厘米以上。整个树蔸的眼孔打好后，将菌种掰成蚕豆大小，轻轻放入接种穴中，接种量以八分满为度。然后再将冲子冲出的木粒削薄盖好，并要求菌种与盖之间留有一丝空隙，以利菌丝透气成活。点种结束后要盖上3~5厘米厚的细土，最后用树枝、野草盖严，以利发菌。

（六）发菌管理

下种后头3个月，严禁人畜践踏，并要勤清排水沟和检查是否有白蚁啃食菌种。如发现有白蚁危害，可用甲基磷兑水喷树蔸周围，将白蚁杀灭。一般下种4个月后，气温转暖，灵芝开始出现初潮，此时由于菌丝尚未深入木心部分，营养后劲不足，灵芝弱小，无商品价值，应全部摘除，制止初潮损耗养料。一般经过5~7个月的发菌生长，菌丝生理趋于成熟，树皮明显变软，一旦外界条件适宜，灵芝子实体将会大量发生，这时就要将树枝等覆盖物清除干净，以免枝条穿入芝体，出现畸形。

（七）采收

当灵芝生长明显变慢，芝体由红色转变成黑褐色，并且芝体上的黑褐色已卷入菌褶形成包边，这就是灵芝成熟的标志。采收时，需用手抓紧菌柄基部，轻轻左右旋转，分批采老留嫩，晒干即可出售，或者用塑料袋密封包装待销。

1. 采摘标准

灵芝从接种到采收，在适宜的条件下一般为55天左右。子实体菌盖边缘的色泽和中间的色泽相同时，继续培养8天左右，进入采收成熟期。灵芝子实体成熟标志为菌盖由薄变厚,表面革质;颜色由浅黄变红褐色,有漆光色泽,周围白色的生长圈消失;菌管内散发出少量棕色孢子粉。成熟的灵芝生长停止时,抗逆、抗杂能力弱,当菇棚湿度、温度较高时,易感染杂菌和虫害,应及时采收。

2. 采摘方法

当灵芝子实体成熟,为缩短二次出菇时间不宜将菌柄和菌盖一并采摘,须留 2~5 厘米的菌柄(用小刀采摘时,小刀需消毒灭菌)。当灵芝菌盖已充分展开时,边缘的浅白色或淡黄色基本消失,菌盖开始革质化,呈现棕色。此时开始弹射孢子,经 7 天套袋收集孢子后就应及时采收。如果不采收,则影响第二茬灵芝子实体的形成。采收时用锋利的小刀在菌柄 0.5~1 厘米处割取,千万不可连菌皮一起拔掉,以免引起病虫害蔓延,导致第二茬灵芝子实体也难以形成。采收后的培养料经过数天休养后,喷施 1 次豆浆水,数天后就会长出第二茬灵芝子实体。但在采收第二茬灵芝后准备过冬时,则应将柄蒂全部摘下,以便覆土保湿,来年培养再次出菌。灵芝收后,剪去过长菌柄,单个排列晒干,最好先晒后烘,直到菌盖碰撞有响声,再烘干至不再减重为止。

3. 灵芝等级标准

目前灵芝尚无统一的法定标准,在商品收购上一般采用以下标准。

(1)一级芝。菌盖直径 8 厘米以上,菌盖中心部位厚 1 厘米以上,柄长 2 厘米左右,菌柄与菌盖同色,菌盖圆整,表面布满锈褐色孢子粉,菌盖皮部为乳白色或淡黄色,子实体单生,含水量在 12%以下,无虫蛀,无霉变、无斑点,无畸形,质地坚硬,边缘完整。

(2)二级芝。菌盖直径 5 厘米以上,菌盖中心厚 0.8 厘米以上,菌柄长 2 厘米以上,菌柄和菌盖色泽一致,菌盖布满孢子粉,菌盖腹部乳白色或淡黄色,子实体单生或并生,含水量 12%以下,无虫蛀,无霉变,质地较坚硬,边缘较完整。

(3)三级芝。菌盖直径3厘米以上,中心厚0.6厘米以上,菌盖开展,菌柄长不超过3厘米,无虫蛀,无霉变,含水量在12%以下。

(4)等外芝。菌盖直径小或为不规则的畸形芝,菌柄长,但无虫蛀,无霉变、含水量在12%以下。

4. 野生灵芝分级标准

(1)一级芝。菌盖直径在5厘米以上,菌柄长在5厘米以下,菌盖坚实,边缘整齐,有漆光泽,菌盖中心厚1厘米以上,菌盖腹部乳白色或淡黄色,单生,含水量12%以下,无虫蛀,无霉变,无畸形。

(2)二级芝。菌盖直径在3厘米以上,首柄长2.6厘米以下,菌盖腹部乳白色或淡黄色,菌盖中心厚1厘米以下,子实体单生或并生,含水量12%以下,无虫蛀,无霉变。

(3)等外芝。菌盖直径在3厘米以下,菌盖小或菌盖畸形,含水量在12%以下,无虫蛀,无霉变。

5. 灵芝特殊等级

所谓特殊等级,是根据人们的特殊用途,采取特殊的栽培措施而形成的灵芝非常体态,如灵芝盆景,形成的山水、动物等造型,只突出形态,不求完整。

(1)长柄芝。一般柄长10~15厘米,菌柄直径在2厘米左右,菌盖小或为变态形,通体具漆光泽。

(2)大盖芝。一般菌盖直径为15~25厘米,菌柄长短适中,菌盖中心厚2厘米以下,菌盖具漆光泽。

(3)特大芝。灵芝单体重在250克以上,无虫蛀,无霉变。

(4)连柄芝。为双柄并生或多柄连生,但菌盖不连。

十二、灵芝盆景工艺制作技术

通过人工控制的方法造成形态各异的灵芝子实体,再配以其他附属物,即可制成可供观赏并有一定寓意的灵芝盆景。

(一)子实体嫁接技术

灵芝子实体的嫁接技术,是一种定向培育的灵芝盆景技术。方法主要有以下几点。

1. 接穗的选择

灵芝子实体具有较强的再生愈合能力。通常未分化菌盖的愈合能力优于已分化菌盖的。为此,接穗应选择粗壮、未分化菌盖的鹿角状子实体,并用消过毒的刀片沿基部平切下来,用纸包好待用。

2. 天气的选择

灵芝嫁接成活与否,与天气密切相关。其中最关键的还是空气湿度和温度。所以,嫁接时天气的选择,是子实体伤口快速愈合的关键。最好是在阴天或雨后初晴的傍晚进行,因为空气湿度较高(85%~95%)且温度适合(26~28 ℃),禁止在晴天的中午和雨天进行。

3. 嫁接技术

选菌丝密集或已发生原基的为嫁接点,先用锋利的刀片将菌皮或原基平削一刀,接穗的削口对好原基的削口,然后用湿润土将接穗固定好。如要嫁接在杂木上,也应选取菌丝发生密集的地方作为嫁接点,先用利刀将树皮劈开一个口子,削成楔形的接穗插入口子中,同样用湿润土固定好。

4. 嫁接后的管理

嫁接后的灵芝在未成活前严禁喷水，一般可罩紧畦上的薄膜，促进地面湿度上升，使畦内小环境形成较高的空气湿度。3~4 天后，接穗与接点上的菌丝就会扭接牢固，接穗生长点恢复生长，即算成活。若在 3~4 天内有不成活的接穗，可重新嫁接，只要掌握好适宜的空气湿度和温度，嫁接灵芝的成功率是很高的。接穗成活后即可按常规方法管理。

（二）灵芝盆景制作

中国的灵芝文化，已深深渗透入中国的历史、古文学、民族民俗、建筑装饰、绘画艺术、营养学、中医保健等各个方面，为我们留下无穷的遐思和财富。灵芝质地坚韧，菌盖多色，小者径寸，大者径尺，如肾如心，环纹四射，神采飘逸；菌柄如漆如柱，如角如刺，虬枝盘扎，千姿百态，是制作盆景的上好材料，如再配以奇石、花草、盆器，便可设计出栩栩如生、风格各异的灵芝盆景。凭借上下几千年的灵芝文化积累和消费趋势，其盆景市场价低者数十元，极品上万元，规模开发大有可为。制作灵芝盆景重要的是要立好主题，并围绕主题表现意境，通常以灵芝形态确立意境，因势象形，因形赋意，灵芝盆景表现雅致，寓意深远，并象征吉祥如意。通过不同造型，可反映出作者的艺术修养及品位，更反映出中国灵芝文化的深厚内涵和源远流长。灵芝子实体的造型方法如下。

1. 选择品种

根据灵芝品种的不同特性，可选择不同类型、颜色各异的品种来做盆栽活灵芝。一般要求以多分枝、柄较长、小盖、生长慢、少孢子粉的品种为好，例如美国大灵芝、园芝、京大、信州、紫芝、鹿角灵芝、黑芝等。

2. 袋装灵芝盆景制作流程

灵芝盆景制作过程与药用灵芝栽培流程基本相同，只是增加了造型管理阶段。主要包括：配料→装袋→灭菌→接种→发菌管理→埋土出芝→造型管理→成型加工等。

3. 装袋接种

按配方配制好培养料，然后用聚丙烯或聚乙烯塑料折角袋装料，每袋装干料 400 克，用海绵双套环封口，高压灭菌或常压灭菌，冷却后搬入接种室内，分别用紫外线和气雾消毒剂进行消毒，然后在接种箱内接种。

4. 发菌培养

接种完毕后，搬入培养室，摆放在培养架上，然后再遮光、保温、发菌。要维持室内温度 25~28 ℃，温度低时要用电炉适当加温，并要保持通风换气。60 天左右菌丝即可长满袋。

5. 移栽上盆

菌丝长满袋后，就可移至大棚内进行出芝管理。去掉套环盖后，再立式摆放，然后覆盖塑料薄膜催蕾。3~6 天灵芝开始现蕾，现蕾后约 20 天，待菌盖长到已具备盆景雏形大小，菌盖边还呈黄白颜色时，就可以移栽上盆。将灵芝袋的下半部分用刀环割脱去，然后放入花盆里，加入经过消毒处理的细河沙后，即成为盆栽活灵芝。

6. 盆栽管理

造型灵芝从形态划分大体可分为 3 种类型：①无菌盖的独鞭状，如兽角、抱拳、佛手等；②无菌柄的云片状，如覆瓦、层楼、宝塔等；③有柄有盖的，如一杆一花、一杆多花等，可根据个人喜好定向培植。掌握灵芝生长特性，对其生长的环境条件进行调控，即可造就千姿百态的灵芝子实体。

（1）嫁接构建造型。盆栽活灵芝在继续生长期间，每天要喷雾

2~3 次保湿,保持菌盖湿润,以免过早老熟。

灵芝嫁接方法:选幼嫩有生命力的子实体作为嫁接芝,砧芝选择菌柄较粗、生长旺盛的灵芝子实体。先将嫁接芝用锋利的不锈钢刀轻轻裁下,基部削平,在其柄髓部插 1 根竹牙签,竹牙签有 2 厘米露在外面,再将砧芝的嫁接部位用刀削平,将插有竹牙签的嫁接芝插在砧芝的嫁接部位上固定好即可,用潮湿泥土固定子实体基部。嫁接时加足水分,嫁接后未成活前不必浇水,如遇到干旱天气,灌水以保持空气潮湿即可。通过 3~4 天管理,灵芝基本就可以成活了,如果发现未成活,还可进行第二次嫁接。

(2)药物改变灵芝造型。不同药剂对灵芝生长具有抑制或促进作用,目前常使用植物生长激素与矮壮素类物质,采用点涂方法促进或控制不同分枝生长速度,达到调节生长的目的。生长激素有超级三十烷醇等,使用浓度为 0.3~0.5 毫克/升;矮壮素如多效唑等,使用浓度为 0.6~1.0 克/升。

(3)光线改变灵芝的外形和颜色。灵芝菌柄生长上端和菌盖的边沿生长点都是向有光的一面生长,导致菌盖始终朝光源方向伸展;改变光源方向,灵芝子实体顶端会相应地扭头转向,据此可获得任意伸展方向的芝体。不时改变瓶(袋)的方向,或将瓶(袋)固定,改变光源射入方向,其子实体形状如盘根错节的枯树。当菌盖形成后,用同样的方法给予光刺激,会形成各种类型的菌盖。

当灵芝子实体形成后,在充足的散射光条件下,由于色泽沉积在细胞上,子实体表面皮壳色泽加深,并有一定光泽,栽培时利用光的强弱,能使颜色发生变化。利用它可以明显地影响灵芝外壳色素的形成和显现。

光控影响:在 22 ℃以下,黑暗、通风不良的环境中培育,会使菌柄徒长而无法形成菌盖。如将已形成菌盖而未停止生长的灵芝置于上述环境中继续培养,菌盖下面会出现增生层,并由增生层上长出二次菌柄,并可通过培育时间的长短来控制菌柄的长短或有无。如菌柄的长度已达到理想的长度后,可将尚未停止生长的二次菌柄置于25 ℃以上、通风、透光的环境中继续培养,从二次菌柄的顶端又可分化形成菌盖,如此反复,可形成3~4层。如果想使菌柄向某一方向伸展,还可用牵拉、挤压的方法来强制定形,从而达到理想的艺术效果。

(4)二氧化碳浓度调节。灵芝为好氧性蕈菌,在良好的通气条件下,可以形成正常肾形菌盖。氧气充足有利于芝盖生长,二氧化碳浓度高则促进芝柄分化与伸长。控制通气,使空气中的二氧化碳浓度增至0.3%以上时,则原基可多点发生,菌柄抽长,并产生多个分枝,分枝顶端呈杆状,不分化菌盖且色泽较浅。要形成双层菌盖,可将已形成菌盖而未停止生长的灵芝放在通气不良的条件下,菌盖下面则出现增生层,菌盖就会增大加厚,从加厚的菌盖还可以长出二次菌柄;继续通过不良条件,二次菌柄会继续生长,之后给予良好通风条件,二次菌柄上还可以形成菌盖,成为二次菌盖。要形成鹿角状灵芝可提高培养室中二氧化碳含量达0.1%以上,菌伞不易开张,菌柄较长且不断分枝。给每个栽培瓶套上塑料筒,外层用牛皮纸包筒,就会长出长柄。鹿角状灵芝菌枝,其菌柄过长、伞片过小,有时呈鹿角状或棍棒状,故而得名"鹿角芝"。生产上还通过对灵芝子实体生长过程中一至几次套袋,以产生一至几层形似宝塔状的千手观音状造型。

(5)湿度调节。灵芝在营养生长阶段,培养基内的含水量就可以满足菌丝增殖需要,对空气湿度一般不需要考虑。但是,进入原基分化发育阶段,空气湿度的高低却成为灵芝子实体生长发育的重要环境因素。此时,适宜的空气湿度应为90%~95%。处于生长旺盛期的子实体,其菌盖边缘一般总保持有0.5~1厘米宽的白色生长圈。如果这个时候空气湿度突然降低,则白色生长圈会很快变黄,菌盖生长停止。利用这一现象可栽培出不同生长阶段的各型灵芝,使制作的工艺灵芝有一种正在生长中的感觉。

十三、畸形芝及防治

(一)鹿角状畸形

(1)主要性状。菌柄生长时出现很多分枝,越往上长分枝越多,且逐渐变细,顶端始终不形成菌盖。

(2)发生原因。通气不良,二氧化碳积累过多,而温度、湿度和光照等均较适合。

(3)防治方法。加强通风换气,保持适宜的温度、湿度。

(二)柱状畸形

(1)主要性状。子实体分化成不规则的柱状。

(2)发生原因。通气极不良,室内二氧化碳浓度含量很高。

(3)防治方法。加强通风换气,但需保持适宜的温湿度。

(三)柄长弯曲

(1)主要性状。菌柄分化,不发生分枝,长成细长条,向有光的一侧弯曲。

(2)发生原因。发生室内光线不足。

(3)防治方法。增设窗门,使每个培养点均有足够的漫射光。

(四)柄盖弯斜不正

(1)主要性状。菌柄弯弯曲曲,菌盖歪斜不正,失去灵芝固有的形状。

(2)发生原因。子实体生长过程中,经常改变光源位置或经常搬动和调换瓶袋的位置。

(3)防治方法。不变动光源和培养物的位置。

（五）脑状畸形

（1）主要性状。子实体挤塞瓶口或袋栽接种孔，分不清菌柄菌盖，子实层菌孔上翻。

（2）发生原因。温度忽高忽低或原基发生膨大后遇到冷空气袭击，同时通气不良。

（3）防治方法。加强控温，力争保持恒定温度，并加强通气。

（六）子母芝

（1）主要性状。从成熟的菌盖边缘再次长出 1 个至多个小菌盖。

（2）发生原因。通气条件时好时差，刺激菌盖加厚部分长出菌柄，在其满足正常生长条件时发育成小菌盖；也有的是由于机械刺激、损伤或虫害，致使再次产生菌柄并发育成保持稳定的适生条件。

（3）防治方法。防止机械损伤及虫害。

十四、灵芝病虫害防治技术

引起灵芝病害分为两类，分别称为非侵染性病害和侵染性病害。

（一）非侵染性病害

非侵染性病害由于非生物因素的作用，造成灵芝生理代谢失调而发生的病害，也称生理性病害。

1. 菌丝徒长

菌丝长到一定阶段后应由浓密气生状态转入倒伏结菌阶段，若菌丝继续生长而迟迟不倒伏，长时间不出芝，此现象称为菌丝徒长。

（1）发病原因。没有及时通风或透气时间不够，畦床长期处于缺氧状态；菌丝生理活动发生紊乱而徒长；畦床所处环境相对湿度太大，气生菌丝不倒伏；菌丝没有发育成熟，过早进行覆土，使菌丝在畦床上继续旺盛徒长；培养料中含氮比例过高，易造成菌丝徒长。

（2）防治措施。培养料栽培配方中含氮量适当，常用的麦麸或米糠一般不超过20%，以免菌丝徒长；菌丝体培养成熟后再进行覆土出芝；注意通风透气，降低畦床水分湿度，控制菌丝徒长；可用1%~3%的石灰水喷洒畦床，待表面稍干后再覆盖树枝等遮盖物，也可防止菌丝徒长。

2. 菌丝萎缩

菌棒覆土后迟迟不萌发或萌发后生长不良，慢慢萎缩，或头批芝产出后出现菌丝萎缩，影响产量。

（1）萎缩原因。①畦床覆盖物太薄，进床后温度过高，发生烧菌，导致菌丝萎缩；②培养料水分过高，引起菌丝自溶；③喷洒多菌灵或其他药液不当，抑杀菌丝而导致萎缩；④菌种质量太差，抗逆性差，经不起不良环境的刺激；⑤畦床环境缺氧，菌丝生理活动受阻导致萎缩。

（2）防治措施。①选用优质菌种；②因水分、温度等条件引起的菌丝萎缩，可重新覆埋菌棒进行补救；③注意畦床水分、温度的调节，注意通风换气；④注意喷施药液，以免对菌丝产生不良影响。

（二）侵染性病害

由于病原菌的侵染，造成灵芝生理代谢失调而发生的病害称为侵染性病害，惯称为杂菌污染。

1. 绿色木霉

（1）形态特征。绿色木霉属半知菌亚门、丝孢纲、丝孢目、丛梗孢科、木霉属，异名康氏木霉。初期菌丝灰白色，近球形，孢子梗对生。该菌生长迅速，成堆绿色孢子呈霉斑，消耗菌材养料，并分泌毒素，抑制灵芝菌丝发育。污染原因多系接种不慎或塑料袋破损，有的则因为感染杂菌。

（2）防治措施。①要做好接种室、培养室的消毒和卫生清洁工作，严格选用无杂菌污染、菌龄在35天左右的优质菌种，遵守接种时的无菌操作规程，发现破袋应酌情重新回锅灭菌或接种后加套袋养菌，防止污染；②注意培养室温度与适当通风，定期检查，对染杂菌的菌材及早处理，防止扩散；③若在培菌前期，菌材出现小点霉斑的，可注射5%石碳酸或3%甲醛溶液。部分被污染的段木可选出洗刷干净，稍沥干后套袋灭菌备用。培菌后期发生杂菌，可在埋土前使用杀菌剂进行菌材表面消毒或提高覆土处理，可抑制杂菌生长。

2. 链孢霉

（1）形态特征。链孢霉属子囊菌亚门、核菌纲、球壳目、粪壳科、脉孢菌属。菌丝白色疏松，呈网状，气生菌丝有隔膜，顶部形成支链。分生孢子卵圆形，红色，孢子梗双叉分支。子囊孢子椭圆形。该菌发生时，在菌材或袋口浸染处形成粉红色菌层。污染原因是塑料袋破损或接种后袋口扎得不紧，有缝隙。

（2）防治措施。此菌虽对菌材危害不大，但严重污染环境。发现菌材染杂菌，应用浸有煤油或0.1%来苏尔溶液的布盖住处理，防止孢子扩散，或者搬出培菌地另行堆放处理。

3. 截头炭团菌

（1）形态特征。该菌属子囊菌亚门、核菌纲、球壳目、炭角菌科、炭团属。菌丝发达，分枝繁茂，形成不规则硬块。子座黑色半球形，垫状。子囊壳上部外凸，顶端平截，子囊孢子呈不等边椭圆形。此菌零星发生，菌材被侵染后灵芝菌丝死亡。感染原因主要是段木灭菌不彻底或塑料袋破损。

（2）防治措施。①原木截成段后要尽早装袋灭菌，堆放过久的原木慎用，灭菌应把握温度与时间，注意死角，做到灭菌彻底；②做好培菌室的消毒、卫生工作，及时处置破袋；③初期发现该菌侵害可注射浓石灰硫酸铜混合液(石灰 8 克,硫酸铜 8 克,水 1000 毫升)。若菌材被侵害严重,成为“铁心”,则应淘汰。

4. 匍枝根霉

(1)形态特征。该菌属接合菌亚门、接合菌纲、毛霉目、毛霉科、根霉属。菌丝体生长繁密,有匍枝生出假根。孢囊梗自假根节上长出,孢子囊卵形,孢囊孢子球形。该菌散发于阴暗、高温高湿、土壤偏酸的芝场,生长速度快,摄取辅助基质养分,阻碍灵芝菌丝正常发育。

(2)防治措施。①改善芝棚光照,降低湿度、温度;②更换覆土或土表喷 2%石灰乳剂。

5. 黑发菌

(1)形态特征。该菌属于裸菌门、黏菌纲、发网菌亚纲、发网菌目、发网菌科、发菌属。孢囊球形,有柄并伸长形成囊轴,分枝成孢丝,小枝末端离生,不形成表面网。该菌在阴湿覆土层偶见,侵害菌材而影响出芝。

(2)防治措施。发生早期,可在土表撒食盐或石灰干粉杀灭。如覆土较干燥,则喷洒 5%石灰水。最好是更换覆土,以火烧土或沙质土替代菜园土或田泥。

6. 树状轮指孢霉

(1)形态特征。该菌属半知菌亚门、丝孢纲、丝孢目、丛梗孢科、指孢霉属。菌丝棉毛状,白色。分生孢子梗细长,无色。该菌在覆土表面出现小区域白色菌丝,受害的灵芝菌柄被纤细菌所覆盖,多数未能形成菌盖时,柄基部已呈水渍状腐烂。发病与覆土过厚、过湿和低温有关。

(2)防治措施。①出芝期内应注意芝床的温度、湿度和通风;②感染初期可在菌害土层撒石灰粉或喷 2%甲醛、5%石碳酸溶液;③在不损害幼芝生长的前提下,及时清除污染杂菌的覆土,重新盖上 1~2

厘米厚的火烧土。

7. 褐腐病

（1）危害特征。子实体染病后生长停止；菌柄与菌盖发生褐变，不久后腐烂，散发出恶臭味。

（2）发病原因。该病由繁殖在子实体组织间隙的荧光假单胞菌和细胞内部的未知杆状细菌引起。

（3）防治措施。①抓好出芝期芝房与芝床的通风和保湿管理，避免高温高湿；②严禁向芝床、子实体喷洒不清洁的水；③芝体采收后菌床表面及出芝房要及时清理干净；④发生病害的芝体要及时摘除，减少病害的危害。

（三）虫害

灵芝栽培除病害外，虫害也是一种主要的危害因素，应加强防治与管理。虫害种类比较多，现具体介绍以下几种。

1. 线虫

（1）形态特征。危害灵芝的病原线虫体长1毫米左右，白色透明，呈圆筒形或线形，两端尖细、中间略粗，外形似蛇，有头、颈、腹、尾之分。

（2）生活习性。线虫多寄生或半寄生，喜温暖湿润的环境，生活史经卵、幼虫、成虫三个阶段，畦床上湿、黏、臭时易发生线虫。

（3）危害特征。幼虫刺取菌丝养分，也为其他病菌创造条件，而加速或诱发各种病害，致使培养基质变黑、发黏，菌丝萎缩或丧失。

（4）防治措施。①出芝场地选择排水条件好、土壤渗水强、积水少、减少适合线虫的生长条件；②在芝场四周或地面喷洒1∶1000倍的敌百虫液，也可用浓石灰水或漂白粉液进行喷雾；③保持畦床环境卫生，控制其他虫害的入侵，切断线虫的传播途径。

2. 螨类

（1）形态特征。螨类较小，要用放大镜才能看清楚。呈圆形或卵圆形，体长0.2~0.7毫米，体色多样。体躯分领体和躯体两部分，有足，有肛门和生殖孔。

（2）生活习性。类喜栖温暖、潮湿的环境，发育、繁殖的温度为18~30℃，湿度大的环境中繁殖速度很快，培养料、禽畜躯体及老菇房等都是螨类的重要虫源。它以菌丝及植物残体为食物。

（3）危害特征。螨类吸食灵芝菌丝，使菌丝发生萎缩、变色甚至消失，严重时培养料中菌丝被全部吃光，造成栽培失败。

（4）防治措施。①选择畦床场地要远离仓库、饲料间，禽舍等地方，杜绝虫源侵入；②每立方米畦床用磷化铝10克熏蒸72小时能有效地杀死螨类；③菌丝培养期间可用菇保粉撒放于场地上，每50克药粉可处理20平方米培养场地，每25~30天处理1次；④菌袋有螨类发生侵害时，覆土前可用棉花蘸少许50%的敌敌畏，塞入袋内进行熏杀，螨类为害严重的菌棒要及时予以废弃，以免螨虫繁殖增多。

3. 白蚁

白蚁有家白蚁、黑胸散白蚁、黄胸散白蚁、黑翅白蚁、黄翅大白蚁等。其中以黑胸散白蚁和黑翅土白蚁危害较多。

（1）形态特征。有头、胸、腹之分，有触角，有翅，全身有颇密的毛。

（2）生活习性。生活温度为10~30℃，进行群体活动。喜酸土质，视觉退化，靠嗅觉觅食。白蚁的营养源主要是木材，还有杂草等纤维质腐物。

（3）危害特征。白蚁危害时主要蛀食段木，并侵入木质内部，且轻而易举地蛀空培养料畦床，危害严重时可发生几十群甚至数百群蚁群，对灵芝生长和产芝量影响极大。

（4）防治措施。①选好芝场，避开蚁源；②芝场使用过程中及时清除枯枝朽木、杂草败叶及无用杂物，减少适合白蚁生存的环境；③畦床使用前撒放白蚁粉毒杀和驱赶白蚁，清除白蚁后再进行栽培。

4. 黑腹果蝇

（1）形态特征。成虫黄褐色，腹末有黑色环纹，复眼有红白变形，后翅退化为平衡棒，背面前端有一对触角丝，幼虫乳白色，无胸足及腹足，蛆状。

（2）生活习性。该虫喜欢在腐烂水果和发酵培养料上产卵繁殖，最适生长温度为 20~25 ℃，1 年发生多代，每代 12~15 天，温度超过 30 ℃时成虫即不育而死。

（3）危害特征。幼虫取食菌丝和培养料，使菌块表面发生水渍状腐烂；成虫可携带霉菌、线虫、螨类等病虫害。

（4）防治措施。①畦床荫棚要封闭严密，防止成虫飞入产卵为害；②隔 5 天以 1∶1000 倍 80%敌敌畏溶液喷洒畦床四周，防止成虫和幼虫的发生。

（四）贮存中常见病虫害及防治

1. 霉菌污染与防治

（1）发生原因。灵芝贮存过程中，子实体可能受绿霉、曲霉、木霉等各种霉菌的感染，主要原因是芝体没晒干、水分过多、存放环境缺氧、存放温度太高等因素。

（2）防治措施。①采收后，尽量晒干或烘干，减小芝体表面湿度；②包装用的塑料袋要薄，透气性要好，避免子实体缺氧，影响呼吸代谢，造成芝体抵抗力降低；③降低存放环境的温度，存放温度太高，病原物繁殖速度加快，芝体易受害腐烂；④尽快进行销售。

2. 芝体陈化

灵芝在贮存期间，因受环境因素的影响，其色泽、气味、营养成分等内在和外在的质量指标下降变劣，称作陈化。

（1）发生原因。①温度过高，温度过高，芝体内酶活性增大，陈化速度加快；②湿度过大，芝体内水分含量超过至13%，其营养物质的分解和破坏加速；③光线的影响，光照催化脂类和色素的变化，使脂类不断分解而导致芝体色泽、气味发生改变；④氧化反应，芝体陈化，其中氧化反应起主要作用，因为芝体内的各种成分与氧气接触过多，会加速分解，从而失去灵芝特有的色和味。

（2）防治措施。①选择适当的包装材料，尽可能达到防潮、密封、不透光；②包装容器抽成真空，也可在容器内充入有益气体，如氮气可防氧化和防霉作用；③低温保存，存放在1.5 ℃的地方为佳；④包装容器内放入无水氯化钙或变色硅胶，以保持灵芝干燥；⑤尽快进行销售，缩短储存时间。

3. 虫害

灵芝贮存期间，为害灵芝的主要虫害有长角扁谷盗、粉斑螟蛾和印度谷蛾。

（1）长角扁谷盗。隶属昆虫纲，鞘翅目，扁甲科。

形态特征。成虫体长1.5~2毫米，长扁形，体色暗褐色，上面生黄白色细毛，头呈三角形，眼突出，呈黑色。幼虫体长2~3毫米，体色赤褐色，末端圆锥形。

生活习性。喜温喜湿，生活在碎灵芝及仓库的缝隙一年可发生3~6代。

为害特征。成虫和幼虫都能蛀食芝体，使芝体出现凹斑，甚至使芝体粉碎，为害较大。

（2）粉斑螟蛾。隶属昆虫纲，鳞翅目，卷螟科。

形态特征。成虫体长6~7毫米，头、胸部灰黑色，腹部灰白色，前翅灰黑色，后翅灰白色。幼虫体长12~14毫米，头赤褐色。

生活习性。成虫寿命与温度有关，10 ℃时平均生活28天，不耐寒,0 ℃以下一周即死亡。一年发生 4 代。该蛾生活在仓库暗角落或缝隙处。

为害特征。幼虫蛀食灵芝子实体,并在芝体表面吐丝结团,影响灵芝的品质。

(3)印度谷蛾。隶属昆虫纲,鳞翅目,螟蛾科。

形态特征。成虫体长 6.5~9 毫米,头胸部呈暗褐色,腹部呈白色,前翅狭长,后翅灰白色,幼虫淡红色,体长 11~14 毫米。

生活习性。成虫寿命一般 4~20 天左右,有世代重叠现象,一年可发生 4~6 代。生活在仓库、包装物等缝隙处。

为害特征。幼虫蛀食芝体菌盖边缘,并蛀入芝体内部,芝体变成空壳或粉末。

(4)防治措施。

①抓好环境卫生,存放灵芝的仓库、厂房必须彻底打扫干净,减少害虫的活动场所;②严格控制成品灵芝的含水量,贮存前,芝体要严格晒干或烘干,水分含量不能超过 12%;③降低贮存温度。贮存期间仓库温度最好保持 1~5 ℃。

参考文献

[1] 严泽湘,曾祥华等. 灵芝 • 蜜环菌 • 白灵菇. 北京:化学工业出版社,2013:1-62.

[2] 姜性坚,王小艳等. 药用菌栽培新技术. 长沙:湖南科学技术出版社,2012:21-45.

[3] 郭立忠. 天麻·灵芝·高产栽培与加工利用. 北京:金盾出版社,2001:21-47.

[4] 宫志远,王世东等. 灵芝·蛹虫草·天麻栽培与加工新技术. 北京:中国农业出版社,2005:1-27.

第四章　灵芝的深层发酵技术

灵芝的深层发酵，就是将菌丝培养在液体培养基中，在纯种条件下，通过强制通入无菌空气到密闭发酵罐中进行（搅拌）培养的方式，使灵芝菌丝生长、繁殖和代谢产物的生物合成。发酵产物包括有菌丝体和发酵液，可通过提取或浓缩喷雾工艺，提供作为原料药或保健品用的成品。灵芝的深层发酵工艺具有生产周期短、产量大，产品质量稳定，成本低等优点，是目前国内外生产灵芝所采用的一种工业化生产的方法。

1. 菌丝体

（1）灵芝的菌丝体。在深层培养基上，生长速度很快，首先出现的是在深层培养中的丝状物，即菌丝，而无数细的菌丝组成的集合物则称为菌丝体。在显微镜下可看到单根菌丝，菌丝细长，纵横交错。在液体培养基中，菌丝体称为二次菌丝（双核菌丝），它比孢子萌发形成的一次菌丝（单核菌丝）粗壮，生长速度快。

（2）菌丝的内部构造和外部形态。用1%结晶紫将菌丝染色，在显微镜下（1000倍）观察菌丝的内部构造。可见一根细长的菌丝，相当于线形细胞首尾相接而成，每个细胞都具有细胞壁、细胞质和细胞核。菌丝细胞中细胞壁薄而透明，细胞腔里充满了由无色透明的蛋白胶体构成的原生质，原生质里有两个细胞核，每个细胞核中又有一个明显的核仁。原生质是生命现象的物质基础，我们可通过染色方法观察原生质体着色程度，以判断菌丝体的强壮或衰老。菌丝发育旺盛期，原生质着色深，原生质分布均匀；衰老期，原生质着色浅，原生质凝集，细胞腔内形成中空。菌丝外部形态具有明显锁状联合的结构。菌丝发育旺盛期锁状联合多，形状清楚；衰老期锁状联合较少,或无明显锁状联。

2. 锁状联合

锁状联合是担子菌菌丝特有的结构。所谓锁状联合,是双核菌丝细胞分裂的一种特殊形式。在显微镜下,看到的灵芝菌丝细胞壁的一侧向外突起产生一钩管,像锁环似的结构,称为锁状联合。灵芝发酵全过程的菌丝锁状联合形态变化可作为判断发酵质量与发酵周期的一个重要依据。

3. 菌丝球

灵芝深层培养菌丝形态有两种,一种是普通丝状体,另一种是球状体。由于菌丝的生长是辐射状地向四周扩展,在液体培养基中通气在振动作用下,菌体呈球形悬浮于发酵液中,称为菌丝球。

灵芝的菌丝球一般呈放射状。带有"毛刺",直径多为4~8毫米。有的菌球表面光滑,有的表面粗糙,有的似刺毛球。不同菌种其菌球形态也不一样,如紫芝菌球表面具短"刺",树舌表面光滑中空。灵芝的菌丝球形态也经常变化,它受到培养基成分和pH值及培养条件的影响。培养基含有淀粉成分,黏度越大,菌球越小,刺毛越短。在不同pH值下,菌丝体可以是丝状,也可以是球状。如在培养基中磷酸盐浓度为0.1%,其生长较慢,菌球大,如果浓度降低,菌球就小。

在培养过程中接种量大小、搅拌速度快慢对菌体形态变化也有一定的影响。接种量大时,通常可分散性生长;而接种量小时,则有利于菌球的形成。菌丝球大小也同样受到接种量的影响,一般接种量越大,菌球直径就越小;接种量越小,菌球直径就越大。搅拌速度快或通气量大时,菌球直径就小;搅拌速度慢或通气量小时,菌球直径就大。凡是形成菌丝球的,其发酵液较清,易过滤,但对菌体增殖不利。

一、影响灵芝深层培养的因素

(一)培养基

灵芝菌丝体通过培养基分解和吸收所必需的营养。培养基还应满足菌丝体生长时所需要的酸碱度(pH 值)和适当的渗透压。培养基可采用化学成分已知的碳水化合物、含氮化合物、无机盐类和生长因子等作为营养物质配制成,也可由天然物质(如马铃薯、蛋白胨、麦芽汁、酵母膏)配成。前者按化学成分一定比例组成培养基,称为合成培养基;后者按一定天然物质的含量组成,称为天然培养基。还有一种除含有一定量的天然物质外,还适量增添一些微量的化学物质,称为半合成培养基。现将灵芝液体培养基主要成分介绍如下。

1. 碳源

培养基的碳源主要用来供应菌体生命活动所需要的能量和构成菌体细胞以及代谢产物的物质基础、灵芝深层培养的碳源有葡萄糖、蔗糖、麦芽糖、淀粉等。培养基中糖的浓度一般为 2%,培养基中糖过量时,常阻碍空气中氧的溶解,不利于沉没菌丝体的生长。灵芝菌丝在麦芽糖或玉米淀粉中生长快,而在其他碳源中较慢。灵芝菌丝体对碳源的利用结果如下:

2%麦芽糖+基础培养基>2%玉米淀粉+基础培养基>2%葡萄糖+基础培养基>2%蔗糖+基础培养基。基础培养基:硫酸铵 0.2%、硫酸镁 0.05%、硫酸亚铁 0.001%、磷酸二氢钾 0.1%、氯化钠 0.2%。在不同碳源进行摇瓶发酵,测定胞外多糖(克/升),其中碳源为玉米淀粉、葡萄糖时,粗多糖含量最高,其次为麦芽糖和蔗糖等。

李平作等(1998)认为,酒糟中含有的纤维素、半纤维素和核苷酸类物质有利于菌体的生长和多糖形成,作为菌丝体胞外多糖合成的前体诱导物质促使胞外多糖的大量合成。

2. 氮源

培养基中的氮源主要用来构成菌体细胞物质。通常所用的氮源可分为有机氮源和无机氮源二类。前者如黄豆饼粉、花生饼粉、玉米浆、酵母粉、鱼粉、蚕蛹粉等;后者如硫酸铵、尿素、氯化铵、硫酸铵、硝酸铵、硝酸钾等。

灵芝能很好利用有机氮,而利用无机氮较差。灵芝菌丝体对氮源的利用结果如下。

0.2%蛋白胨+基础培养基>花生饼粉+基础培养基>黄豆饼粉+基础培养基>酵母粉+基础培养基>0.2%硫酸铵+基础培养基>0.2%KNO_3。

基础培养基:葡萄糖 2%、硫酸镁 0.05%、硫酸亚铁 0.001%、磷酸二氢钾 0.1%、氯化钠 0.2%。

以有机氮源进行灵芝深层发酵时,菌体生物量及胞外粗多糖的产率都明显高于无机氮源,而游离 NK^{4+}的存在不利于灵芝多糖的形成。

3. 无机盐

灵芝在深层培养时需要少量的无机盐,如磷、钾、硫、镁、钙等盐类,其中以磷和钾最为重要。灵芝菌丝在缺少磷酸盐的培养基中菌体生长较差,故在深层培养基中必须添加 0.05%的磷酸盐。而天然培养基和自来水中所含的其他微量无机盐类已足以满足灵芝菌丝体生长的需要。在培养过程中由于灵芝菌丝发酵产生有机酸,为了维持 pH 值不至于波动过大,往往在培养基中加入适量的碳酸钙。

4. 培养基选择

培养基的选择,一要促进菌丝生长,二要有利于有效物质的积累。除全面考虑碳、氮源的组成外,还要考虑合适的碳、氮比例,以及无机盐类和 pH 值等因素。

碳氮比对灵芝深层发酵的菌体产量和代谢产物(如多糖类物质)影响很大。碳源浓度太高或太低均不利于胞外多糖产率的提高,氮源浓度太高时,菌体量明显提高,胞外多糖产量则明显下降;氮源浓度太低时,菌体生长不良,多糖产量也下降,只有适宜的碳氮比,才能获得理想的菌体产量和代谢产物。一般深层发酵培养基的碳氮比为(20~25):1,因此灵芝发酵培养基碳源浓度应控制在 2%~4%,氮源浓度应控制在 0.1%~0.3%。理想的培养基要通过摇瓶培养正交优选试验,确定灵芝深层发酵的最佳培养基组成。现据有关文献报道的部分灵芝深层发酵培养基如下。

配方 1:玉米粉 1%,蔗糖 2%,酵母粉 0.2%,硫酸铵 0.2%,磷酸二氢钾 0.01%,pH 值自然。

(录自福建省三明真菌研究所灵芝的深层培养配方。)

配方 2:葡萄糖 2%,黄豆粉 1%,硫酸铵 0.2%,氯化钠 0.25%,磷酸二氢钾 0.05%,pH 值自然。

(录自四川抗菌素工业研究所灵芝深层培养的配方。)

配方 3:蔗糖 2%,花生饼粉 2%~3%,硫酸铵 0.25%,磷酸二氢钾 0.15%,硫酸镁 0.07%,碳酸钙 0.2%,维生素 B_1(可省略)0.001%。

其中花生饼粉还可用黄豆饼粉、玉米粉、麸皮等代替或部分代替。也可考虑其他来源方便,价格低廉的有机氮源。

(录自中国科学院北京植物研究所灵芝深层培养的配方。)

配方 4:蔗糖 2%,豆饼粉 1%,磷酸二氢钾 0.075%,硫酸镁 0.03%。

(录自中国医学科学院药物研究所灵芝深层培养的配方。)

配方 5:酒糟 8%(含水量 75%),葡萄糖 1%,玉米粉 1%,麸皮 0.5%。

(录自李平作等(1998)报道配方,灵芝胞外多糖的最高产量是 2.35~2.91 克/升。)

(二)培养条件

灵芝菌丝深层培养过程中,除了满足菌体的营养需要外,还要维持适当的培养条件(如温度、氧气、酸碱度),这对提高菌体产量或有效物质的积累有重要作用。

1. 温度

灵芝深层培养的温度范围为22~35 ℃,以27~30 ℃为最适。低于27 ℃菌丝生长缓慢,高于30 ℃则菌丝容易老化。随着时间延长,菌丝逐渐趋于自溶,发酵液的颜色变得较深;36~38 ℃菌丝停止生长,40 ℃即死亡。

温度能影响灵芝多糖的产量。据有关资料的报道,在发酵过程中,前期0~30小时以稍高的温度促进菌丝迅速生长,这样可缩短非生物合成的周期。在30~150小时以稍低的温度尽可能延长有效物质的分泌期。150小时以后,温度稍为提高,以刺激有效物质的分泌。后期提高温度会促使菌丝衰老较快、但因接近放罐,影响不大。

2. 通气

灵芝菌丝体的新陈代谢同样需要吸收氧气。通气目的是保证最好的氧溶解性,并和细胞接触,以便更好地吸收液体中的氧气,此外还可排除细胞中的二氧化碳和代谢产物。深层培养供氧状况对菌体的生长和有效物质的积累有重大的意义,特别是发酵培养初期12~60小时,由于菌丝量显著增加,菌丝的摄氧率达到高峰,这时对溶解氧极为敏感。在这阶段若是出现降低溶解氧的情况,如停止供气、一次性大量加入消沫油或补料等都有可能引起异常发酵,出现菌丝自溶或原生质凝集,导致明显代谢变化、产量下降,直至发酵失败。

比较纤维状菌丝和菌丝球的呼吸可见,纤维状菌丝体呼吸强度比菌丝球大很多。菌丝球直径越大,由于菌丝球内部氧移动速度慢,所以呼吸速度就越低。也由于菌丝球内部菌龄都比较老化,故呼吸强度也降低。

综上所述，菌丝呼吸与培养液中的氧有关，菌丝耗氧速度和菌丝量及呼吸强度有关。

灵芝深层培养的通气量大小应控制在 1 ：（0.5~1）[V/（V·min）] 为宜。溶解氧的大小可由特定的测定仪测定，也可采用亚硫酸盐氧化法测定。通气量大小可通过流量计来控制。在发酵初期，菌丝量不多的情况下，通气量可少些；到了菌丝生长旺盛期，由于菌丝大量增殖，通气量就大一些；发酵后期菌丝逐渐衰老，代谢能力弱，通气量相对就减少。

3. 搅拌

在深层发酵中菌丝体带大量供氧，由于氧难溶于水，为保证菌丝能利用溶解的氧，必须进行搅拌。发酵罐带有搅拌装置的性质，通过搅拌把氧更好地溶解在液体中，增加了菌体和气—液接触。此外，通过搅拌可排除二氧化碳和代谢产物，并保持菌丝体处于均匀悬浮状态。

在通气效果差的情况下，可增加搅拌补偿。改变搅拌形式、加大搅拌叶直径，都可以改善通气。电机与搅拌叶之间连接的减速器，一般在 100~200 转/分钟，转速过快会把菌丝打得很碎，对菌体生长不利。还应根据培养基的性质，决定搅拌器形式、搅拌流型等。灵芝菌丝深层培养基黏度大、液面高，为了达到良好的搅拌效果，常采用两档或三档搅拌器，大型发酵罐多至四档。

目前国内外已发展瘦长的无机械搅拌发酵罐（H ∶ D ＝ 12~16），罐身高，氧的利用率就高。瘦长罐要求空气量要大，才能使发酵液上下充分翻动。由于无机械搅拌，罐体容易保持严密，因而染菌率较低，一般在 0.2%以下。三明真菌研究所采用无机械搅拌通气培养灵芝菌丝的试验，结果与装有搅拌装置效果基本一致。

4. 消沫

灵芝深层培养基中含有蛋白质类的物质，在通气和搅拌下易形成泡沫，致使培养酸上升，若不加以控制会造成大量的逃液，增加了染菌的机会。同时，由于泡沫过多，还会影响通气和搅拌的正常进行。发酵过程的泡沫产生主要原因有两点：一是与通气搅拌程度有关，二是与培养基所采用原料性质有关。灵芝深层培养料中含有蛋白胨、玉米浆、花生粉、黄豆粉、酵母粉等。在通气和搅拌情况下，很容易产生泡沫，而糖类物质本身起泡能力较差。

消除泡沫的方法有机械消沫和消沫剂消沫两种。机械消沫的优点在于不需要从外面加入物质，因此减少染菌机会，但消沫效果不如消沫剂迅速可靠。灵芝深层培养的消沫剂为植物油，用量为0.03%~0.035%，加油过量对菌丝体生长与代谢有一定的影响。一般在培养基灭菌之前加入适量植物油外，在培养过程中若有泡沫上升可少量多次添加，但尽量少加油或不加油，而其他合成消沫剂不宜采用。

5.pH 值

灵芝深层培养要求一定的 pH 值范围，灵芝菌丝最适生长的 pH 值为 5.0~6.0，发酵初期 pH 值为 4.0~5.4 左右。到了发酵中期，菌丝体生长旺盛，菌体干物质和有效成分积累，pH 值急剧下降到 2.5~3.5。进入发酵后期，菌丝生长缓慢，出现菌体自溶，pH 值回升。

发酵过程中 pH 值的变化和培养基的组分有密切的关系。如采用玉米粉—蔗糖—酵母粉培养基，到发酵中后期 pH 值会急剧下降；而采用花生饼粉—蔗糖培养基，pH 值变化不大。在发酵过程中遇到 pH 值急剧下降或上升，必须注意调节，其方法有三：①选择合适的培养基；②借助 pH 测定仪，控制加入酸或碱（氨水）量，调节到合适的 pH 值范围；③加入磷酸盐、碳酸钙等缓冲物质。在发酵工业上加入量较大，加入磷酸盐或柠檬酸盐等显然是不经济的，一般采用碳酸钙就可达到缓冲的目的。如福建三明真菌研究所生产灵芝，发酵 48 小时时 pH 值下降到 2.5 左右，在不补糖的情况下，逐渐加入碳酸氢钠调节 pH 值至 5.0 左右，到了第四天 pH 值又降到 2.5~3.0，便可终止发酵。

6. 菌龄与接种量

灵芝菌丝体以不同种龄及不同接种量，控制温度为 28 ℃，在摇床上培养 5 日，最后测定菌丝体干重。

结果表明，摇瓶种龄以 72~96 小时为好，此时菌丝正处于生长繁殖期。繁殖罐种龄一般为 48 小时左右。接种量的大小，决定了菌种生长速度。一般接种量 5%~10%，接种量少了菌丝体生长速度慢，会延长发酵周期；接种量太多则使菌丝体生长过快，培养液黏度增加，造成氧气不足，菌丝老化快，既降低有效物质的积累，又给后处理带来困难。

二、灵芝深层发酵设备

发酵生产要求纯种培养。所以，发酵设备成为发酵工厂中的最基本的，也是最重要的设备。对生产设备基本要求，一是要满足深层培养工艺要求；二是要考虑生产安全，操作方便。对设备要求密闭，不渗漏，能承受一定的压力，以便设备和有关管道等经得起高压灭菌。这里简要介绍二级发酵工艺设备。

深层发酵工艺设备，包括两个主要部分，一是空气过滤系统及空气压缩机；二是发酵系统，即种子箱和发酵罐。

（一）空气过滤系统

空气过滤系统也称空气净化系统，空气对需氧深层纯种发酵来说是必需的条件，而且要求净化成无菌的条件也比较严格。因自然界的空气中含有灰尘和微生物,因而必须经过一系列净化处理,成为无菌空气,才能进入发酵罐。

无菌空气在发酵生产中的作用有四点:①提供氧气;②促使培养液翻动,菌丝体在培养基中不断混合,提高对营养物质吸收与利用;③维持代谢产物的均匀扩散;④保持发酵过程的正压操作,防止染菌。

经过空气净化系统处理的空气要求达到无菌、无灰尘、无杂质、无水、无油,有一定压力维持[(2~2.5)× 10^5 帕]等几项指标。

空气净化系统的一般工艺流程:

空气除尘器→空气压缩机→一级冷却器→油水分离器→贮气罐→二级冷却器→去雾器→预过滤器→精过滤器→发酵罐

↑

蒸汽→蒸汽过滤器

1. 空气冷却器

空气压缩后温度很高,一般可达 180 ℃或更高,它必须通过列管式热交换器,使压缩空气降到所需温度,一般是列管内走水,管外走气。

2. 油水分离器

它是一锥底圆筒,内装素瓷管(15 毫米× 15 毫米或 25 毫米× 25 毫米)或瓷环。当气体通过瓷管或瓷环时,雾滴粘在瓷环表面,并沿管面留下。这样,可以除去压缩空气中的油雾和水汽,保证空气过滤器的干燥。

也可以用旋风分离器,即经冷却的气液混合物由进口切线导入,使气流回转运动,液滴由于离心力的作用甩到分离器外壁,粘在器壁上并沿壁流下,而达到气液分离的目的。

3. 去污器

由分离净化过的气体，仍含有粒度较小的杂质及油水雾滴，需在去污器中进一步去除。

4. 空气过滤器

空气过滤器过滤介质早期采用棉花和活性炭，比较浪费，更换时劳动强度大。一般采用金属过滤器或膜折叠式空气除菌过滤器，是现代先进的空气净化、除菌设备。过滤系统由金属过滤器或膜折叠式空气过滤器、预过滤器及蒸汽过滤器组成，与发酵罐一对一配套使用。配套的金属过滤器或膜折叠式空气除菌过滤器，为金属外壳圆柱状结构，用不锈钢制成，笼内由若干支管状（或称子弹状）滤芯组成。

（1）金属过滤器。过滤介质为金属镍，采用特种粉末冶金技术制成。孔径均匀稳定，压强小，流量大，强度可承受正向压力差 0.08 兆帕。它具有过滤效率高、气体阻力小、强度高、耐湿性好、安装维修方便、使用寿命长和能再生等特点。金属过滤器一般使用 1~2 年后，可进行再生处理。过滤介质在使用过程中会逐渐被堵塞，阻力逐渐上升，当两端压力差达到 0.03~0.05 兆帕时，可考虑更换滤芯或拆下进行再生。再生方法有反吹、灼烧、化学法、超声波清洗等。再生后的介质须进行参数测定并合格后，方可装入过滤器内继续使用。

（2）膜折叠式空气除菌过滤器。近年来应用的是一种新型的子弹状的膜折叠式空气除菌过滤器，其过滤层是由皱褶膜组成的，体积小、阻力小、过滤面积大，常用的滤膜有尼龙膜、偏二氟乙烯（MP）、聚四氟乙烯，以微孔滤膜作为过滤介质，采用特殊的折叠及热溶工艺制成，过滤器易于拆装，膜也容易更换，有过滤精度高、流量大、耐温性好、疏水性强、负静电性强、节点少等特点，是空气净化、除菌系统理想的设备。

5. 分空气过滤器

早期发酵罐一般又单独配备一个分空气过滤器,以确保空气灭菌。当时工厂采用如下三种分空气过滤器,一种是采用棉花与颗粒活性炭做过滤介质,但每年要耗用大量棉花和活性炭。第二种用超细玻璃纸做过滤介质,使用前将超韧玻璃纤维纸经 2%的 2124 树脂喷浸晾干后,即可使用。使用前需配铜丝网、夏布包裹、操作比较麻烦。也可选用石棉滤板做过滤介质,操作更简便,也节约大量夏布和铜丝等。第三种是有的工厂采用 PVA 过滤器,其过滤介质是 PVA 海绵,除菌效果较好。以上分过滤器过滤介质的性质和除菌效率均不如金属过滤器或膜折叠式空气除菌过滤器。目前,我国深层发酵工业已逐步把活性炭—棉花总过滤器改造成金属或膜折叠式空气除菌过滤器,取消老式的分空气过滤器。现在,有的把精过滤器(如 JPF 型或 JLS 型)称为分过滤器。

6. 空气系统设备

主要是空气压缩机,空气压缩机大小是根据发酵罐吨位来定。在生产过程要求空气的压力不低于(2~2.5)× 10^5 帕,发酵罐压力保持在(0.2~0.5)× 10^5 帕,并在整个发酵期间不间断地供气,故要求空气压缩机长期连续运转。所以,生产上多采用水冷往复式的空气压缩机。近年来生产使用的无油润滑的空气压缩机(透平式、螺旋杆式)免除了油对压缩空气的污染。但是,空气中的水仍然要冷却分离,否则也会影响过滤介质的除菌效果。

此外,在生产上一般还需要配备总空气贮罐来贮存气体,既可减低因生产过程用气增减引起的供气波动,也可减少空压机换车瞬间的供气波动。总空气贮罐容积一般不小于总供气量的 10%。

(二)发酵罐

包括有机械搅拌通风发酵罐和通风搅拌发酵罐两大类。机械搅拌通风发酵罐有循环式和非循环式两大类，循环式又分外循环和内循环两类；非循环式和内循环式发酵罐采用搅拌浆去分散和打碎气泡，这是增加氧在发酵液中的溶解速率并使发酵液均匀混合的一种有效方法，而外循环式发酵罐主要利用循环管的泵或螺旋桨增加液体的循环量，并使喷入或吸入的气体细化，增加气液两相的接触面。非循环式发酵罐由于利用搅拌器打碎气泡，与其他类型的发酵罐相比，它的溶氧速度较高，混合效果好，是目前最常用的发酵罐。缺点就是结构复杂，消耗动力较大。另一大类是通风搅拌发酵罐，就是利用通入发酵罐的空气代替搅拌器，翻动发酵液使发酵液和气体均匀混合，这种发酵罐的结构简单，所消耗的动力比机械搅拌低。起初仅用于酵母生产，20 世纪 70 年代生产灵芝、银耳也采用过这种发酵罐。通风搅拌发酵罐也有循环式和非循环式之分，循环式又有外循环式与内循环式两种，非循环式又有排管式、喷射式和回转喷射式三种。以上所说发酵罐类型多种多样，同一种类型，外观尺寸也不完全一致，但其内部结构大致相同。罐身除了特殊要求需要不锈钢外，通常使用钢质材料制造，发酵罐与一般化学反应罐不同。罐身为立式圆筒形，罐体直径与高度之比为 1∶2.5~1∶3.0，其容积为 30~50 000 升。罐体上由传动装置、密封装置、通气搅拌装置、冷却装置、除泡装置、控制仪表，以及与设备工艺有关的接管等组成。

除了发酵罐之外，还有相应的配套的油罐、氨罐、补料罐、计量罐、储存罐等。油罐内装消沫用的豆油或其他消沫剂，氨罐内装氨水或其他酸、碱液作为调整发酵液酸碱度用，补料罐供补充营养液用，计量罐可计量出补充营养液的数量，储液罐供贮藏发酵液用。此外，还有降温用的冷冻机组等设备。

（三）后处理设备

灵芝发酵生产过程的最终产物，一般是发酵液和菌丝体的悬浮液，而代谢产物有的分泌出菌体细胞之外存在于悬浮液中，有的存在于细胞之内，有的则是细胞的本身。为了得到发酵产品，往往必须将悬浮的固体与液体相分离。在发酵过程中，有的发酵液具有胶体性质，对过滤分离操作造成相当大的困难。这种困难的程度与培养基的种类、菌种和发酵质量的好坏等条件有关。但很大程度上还取决于悬浮液的预处理，过滤介质的选择，过滤分离设备的选择及操作规范等因素。

分离之后，液体产物必须通过浓缩、喷雾、干燥等程序，以除去物料中的水分，使产品保存不变质，也方便于运输。现将结合发酵生产实际，对后处理的有关设备做简要介绍。

1. 过滤设备

在药剂生产中，广泛采用过滤方法来分离悬浮液中的菌体以获得菌体与发酵溶液两个部分。

过滤实际上是使悬浮液通过一种具有许多毛细孔的过滤介质，使悬浮菌体和残余培养基物截留在这介质上面，而达到固—液相分离的一种操作。过滤操作通常可分为以下几种。

（1）常压过滤。利用悬浮液本身的液位差来进行过滤。本法的特点为设备简单，最小的可用普通的玻璃漏斗等；最大时也可用布袋吊滤等方法。但该法过滤缓慢，生产能力低，在大生产中很少采用。

（2）加压过滤。利用压缩空气或往复泵、离心泵等输送发酵液所形成的压力作为过滤的推动力，压力一般为（3~5）$\times 10^5$ 帕，甚至可高达 10×10^5 帕。由于推动力大、过滤快，故适用于滤液黏度大的。但滤饼的洗涤较慢，滤布易损坏。

常用加压过滤器如板框压滤机，是一种在加压下间歇操作的过滤设备。板框压滤机上有滤框、滤板和滤布，操作时三者依次排列，旋转压滤机一端的机头螺杆、使板、框和滤布压紧，然后发酵液用适当机械方法送入压滤机内，由于压力的作用，滤液通过滤布，沿板上的沟槽流下，经下端滤液从出口阀流出。旧式板框压滤机的缺点是用人工卸除滤饼和洗刷滤布、劳动条件差、非生产性辅助操作时间长。然而它构造简单紧凑,单位体积中的过滤面积很大,这又是它突出的优点。现代国内外应用一种大型自动板框压滤机,全部动作按既定程序机械化进行,可在很短时间内完成,但其投资费用较高。

(3)真空过滤。利用在过滤介质一方抽真空的办法来增加推动力。滤过速度的大小与真空度成正比。但用真空的方法产生的推动力一般不超过 0.1 兆帕。真空过滤对滤渣的干燥与洗涤较难。

(4)离心过滤。利用转鼓高速旋转所产生的离心力作为过滤的推动力,使悬浮液中菌体与液体分离。由于产生的离心力较大,过滤速度较快,在生产药用真菌中多采用此方法。

2. 离心设备

离心机按其结构和用途分类可有多种:有沉降式离心机、卧式离心机、管式高速离心机(8000~50 000 转/分)、三足式离心机等。其中,三足式离心机是目前药用菌生产常用的一种离心机,它具有结构简单、操作平稳、占地面积小、固体粒子不易磨损等优点。特别适用于小批量、多品种的中等粒状或晶体物料以及纤细状物料的脱水。它的缺点是生产效率低,人工卸料劳动强度大等。

3. 蒸发设备

蒸发是清液浓缩的单元操作。这种操作是溶液加热时产生汽化,在生产过程中不断地向溶液供给热能,以排除汽化出来的溶液蒸气而达到浓缩的目的。

蒸发的方式有自然蒸发和沸腾蒸发两种。自然蒸发是溶液的溶剂在低于沸点下汽化,这种蒸发仅发生在溶液的表面。所以蒸发的速度很缓慢。沸腾蒸发是使溶液中溶剂处在沸点时汽化,它不仅发生在溶液的表面,而且还发生在溶液内部。因此,沸腾蒸发速度远超过自然蒸发速度。生产上大多数是采用沸腾蒸发。

常用蒸发器械有以下几种。

（1）常压蒸发。液体在一个大气压下的蒸发，叫常压蒸发。现有许多药用菌工厂采用夹套式的不锈钢蒸发锅。该设备是一个敞口倾倒式夹套蒸发锅，夹套锅固定在空心轴上，轴上有涡轮可使锅任意转动，蒸汽自连接管通入，冷凝水自连接管流出。该设备适用于液体中的有效成分是耐热的、化学稳定性强的、溶媒又无燃烧性、无毒与无害者。

（2）薄膜蒸发。被浓缩的液体在蒸发器加热面上形成很薄的液膜面进行的蒸发叫作薄膜蒸发。薄膜蒸发的进行方式有两种：一种是使液膜快速流过加热面进行蒸发；另一种是使被浓缩的液体剧烈沸腾产生大量泡沫，以泡沫的内外表面为蒸发面进行蒸发。薄膜蒸发器的结构形式很多，一般分为管式薄膜蒸发器（又分为升膜式、降膜式及升降膜式蒸发器三种）、刮板式薄膜蒸发器、离心薄膜蒸发器等。升降膜式蒸发器是在一个加热器内安装两组加热管，一组是升膜式，另一组是降膜式。薄膜蒸发器主要由蒸发器、气液分离器、预热器及冷却器等几部分组成。以上蒸发器在药用菌发酵液含糖量低，发酵液又不黏时可以使用。如果药用菌培养基采用淀粉，终止发酵的液体又很黏，蒸发效果就很差。

（3）真空减压浓缩罐。真空浓缩罐是真空浓缩常用的一种浓缩设备。真空浓缩罐主要包括浓缩罐、第一冷凝器、汽液分离器、第二冷凝、冷却器、受液桶六个不锈钢部件组成。浓缩罐为夹套结构，冷凝器为列管式，冷却器为盘管式，外接真空泵或水力喷射泵。

4. 喷雾设备

喷雾设备是依靠压力或利用高速旋转的圆盘将悬浮液和黏滞的液体喷成雾状，形成具有较大表面积的分散微粒同热空气发生强烈的热交换，迅速排除本身的水分，在几秒至几十秒内获得干燥。成品以粉末状态沉降于干燥室底部，连续或间断地从卸装器排出。

喷雾干燥的方法按液体的雾化方式分三种：压力喷雾法、气流喷雾法、离心喷雾法。其中，气流喷雾设备的喷嘴孔径较大，一般为1~4毫米，在压力为2.5~6大气压的压缩空气下通过喷嘴时产生的高速度将液体吸出并雾化。它能处理悬浮液和黏性大的液体，所以在制药工业中广泛使用。气流喷雾干燥设备主要结构除了喷雾干燥塔、喷嘴外，还有空气加热器（可用电热或蒸汽加热）、压缩空气系统和空气滤器等。

5. 干燥设备

干燥设备指利用热空气将湿物料中的水分汽化出去，从而使湿物料达到干燥的目的。即将水分从湿物料内部借扩散作用达到物体表面，并从物料表面受热汽化而散发出去。

干燥常在发酵产物除去水分或在其加工成片剂、颗粒剂、浸膏剂的生产流程中使用。干燥方法及设备，常用的有如下几种。

（1）自然干燥。将湿物料置于常温下，使其自然蒸发水分。本法具有工具简单、节省燃料等优点，其缺点是受天气变化影响很大，又比较费工，并且很容易污染，一般不采用自然干燥的方法。

（2）气流干燥。指利用热干燥气流借对流传热进行干燥的一种方法。其效率决定于干燥面积、气流温度、湿度和流速。被干燥物料堆积越厚，干燥面积相对就越小，干燥效率就越低。温度越高、流速越快、相对湿度越低，越有利于干燥。

常用设备有烘箱、隧道式烘箱、气流干燥烘房装置及气压沸腾干燥装置等。在药用菌厂，常用的干燥设备是气流干燥烘房，该设备实际上是一大型的具有鼓风装置的烘箱。使用时将需要干燥的湿料放在带隔板的架上，开启加热器和鼓风机，空气经加热器由上至下通过各层而带走水分，最后将热湿空气由出口处排出箱外。烘箱的外壳都是用石棉或其他保温材料包封，以防止热量散失。

6. 粉碎、过筛

发酵生产过程中，在发酵液与菌体分离之后，发酵机有的通过喷雾干燥成粉剂干品后过筛,有的把发酵液浓缩、蒸发至固体状态。在制剂工艺上常把固体原料粉碎成粉末状原料。常用的是一种以撞击作用为主的粉碎器械,如锤击机,该机具有特殊的锤头等撞击装置。在密闭机壳内高速转动时,利用快速旋转的锤刀对物料进行冲击而粉碎。另一种是以碾磨作用为主的粉碎器械,如球磨机、气流粉碎器,胶体磨等。还有一种万能粉碎机,它的粉碎作用是撞击伴以撕裂、研磨,用途较广。

在设备的选择上应考虑原料的性质及制剂上的要求,选取一种或多种方式进行。药用菌发酵产物经烘干处理后容易吸湿,具有黏性,一般选用锤击方式的器械。如果选择的机械旋转速度过快,容易产生高热,这对退热软化而黏结性强的物料来说,不太适用。

过筛是指经过粉碎过的物料通过一种特制的网孔工具,以使粗粉与细粉分离。特别是制剂工艺对物料的粉粒大小有要求,需为粗细均匀的物料。为此,必须需筛,这种网孔的工具称为筛。

按规定,全国统一用于制剂生产的筛网称为标准筛。在实际生产中常常使用工业用筛。筛网分为编织筛和冲剂筛(又称模压筛)两种。编织筛常用不锈钢丝、铁丝、尼龙丝、铜丝等编织,按实际需要将其固定在长方形或圆筒形的框上。但操作过程中,编织筛容易移位,使筛孔变形,影响过筛质量。所以在使用过程中要做好固定,防止孔径变形。

三、灵芝深层发酵的生产工艺

(一)生产工艺流程

灵芝的深层发酵工艺流程为:斜面菌种→摇瓶种→种子罐→发酵罐。

（二）斜面菌种

灵芝斜面菌种来自孢子分离培养或组织分离培养所获得的菌丝体，培养在试管斜面培养基上称为斜面菌种。常用培养基如下。

1. 马铃薯-葡萄糖-琼脂培养基（PDA）

马铃薯煮汁 1000 毫升，葡萄糖 20 克，琼脂 20 克，pH 值自然。

制法：先将马铃薯洗净，去皮后切成小块，称取 200 克，加水 1000 毫升，煮沸 20 分钟后过滤，其滤汁即为马铃薯煮汁，然后在滤汁中加琼脂和葡萄糖煮溶，最后补足水分至 1000 毫升，用四层纱布过滤，装入试管，灭菌、摆成斜面、备用。

2. 葡萄糖-麦芽膏-酵母膏培养基（GMY）

葡萄糖 10 克，麦芽膏 10 克，酵母膏 4 克，琼脂 18 克，水 1000 毫升，pH 值自然。麦芽膏可用麦芽汁代替。

3. 蛋白胨-葡萄糖-琼脂培养基（PGA）

蛋白胨 2.0 克，葡萄糖 20 克，磷酸氢二钾 1.0 克，磷酸二氢钾 0.5 克，硫酸镁 0.5 克，维生素 B_1 0.5 毫克，水 1000 毫升，琼脂 18~20 克，pH 值 6.5。

4. 玉米粉-蛋白胨培养基

玉米粉（煮汁）40 克，葡萄糖 20 克，蛋白胨 20 克，琼脂 20 克，水 1000 毫升，pH 值自然。

培养温度及时间：母种移植后置于温度 26~28 ℃环境下培养 2~3 日，即可看到有新生菌丝长出，约一星期后可看到白色幼嫩的菌丝长满斜面，可作为摇瓶种子用，也可保存于 4 ℃冰箱备用，使用前提前一天取出。

(三)摇瓶种子培养

1. 培养基

玉米粉(或玉米淀粉)1%,蔗糖 2%,蛋白胨 0.2%,酵母粉 0.3%~0.5%,磷酸二氢钾 0.1%,硫酸镁 0.06%,pH 值自然。

制法:将玉米粉先加少量水搅拌均匀,加热至 70 ℃,保持 60 分钟,过滤去渣后再与其他成分混合配成培养液。将液体培养基装入三角瓶中,一级种子瓶为 500 毫升三角瓶,装量 10 毫升;二级种子瓶为 5000 毫升三角瓶,装量 700 毫升,塞上纱布棉塞(或八层纱布包口),包上牛皮纸,置于灭菌锅以 120℃灭菌 30 分钟。

2. 培养方法

取斜面试管母种一支,挑取指甲大小 1~2 块移入已灭菌并盛有液体培养基的三角瓶中,种子瓶置于 26~28 ℃下振荡培养 4~7 天,将长好的种子瓶的菌种倾入扩大瓶培养液中,培养 2~3 天,接种量以 5%~10%为宜。

3. 培养设备

摇瓶机有往复式和旋转式两种。往复式摇瓶机的往复频率一般在 80~140 次/分钟,冲程一般为 5~14 厘米,如频率过快,冲程过大或瓶内液体装料过多,在摇动时液体如溅到包瓶口的纱布上易引起染菌,特别是刚开动时更易发生。往复式摇瓶机是利用曲柄原理带动摇床做往复运动,机身为铁制或木制的长形框子,有一层至三层托盘,托盘上开有圆孔可放培养瓶。孔中凸出一三角形橡皮,用以固定培养瓶并减少瓶子的震动。传动机用单相或三相电动机来带动,传动机构一般采用二级皮带轮减速,调换调速皮带轮,可改变往复频率。偏心轮上开有不同的偏心孔,以便调节偏心距。

4. 移种标准

进罐前摇瓶菌种应严格检验，菌种质量好坏是发酵成败的关键，其标准如下。

（1）菌体形态：灵芝菌丝长分枝、菌丝壁上易见"芽头与锁状联合"，发酵液清香，菌丝球多，发酵液稍有黏稠。

（2）菌丝量：10%~15%（湿重）。

（3）酸碱度：发酵液 pH 值 3.0 左右。

（4）镜检：平皿检验无染菌。

（5）发酵周期：48~56 小时。

（四）种子罐培养

1. 培养基

玉米粉 1%，蔗糖 2%，磷酸二氢钾 0.2%，酵母粉 0.2%，豆油适量，pH 值自然。

2. 培养条件

种子罐培养一般分为一级种子罐，二级种子罐，三级种子（繁殖）罐。一级种子罐采用 40 升不锈钢罐，投料 24 升，搅拌速度 220 转/分，通气量 1：（0.5~1）[升/（升·分）]，罐压 0.4~0.5 × 10^5 兆帕，温度 28~30 ℃，培养 40~48 小时。二级种子罐用 500 升不锈钢罐，装料 300 升，搅拌速度 200 转/分，通气量 1：（0.4~0.5）[升/（升·分）]，罐压（0.4~0.5）× 10^5 兆帕，温度 28~30 ℃，培养 40~48 小时。三级种子罐用 5000 升不锈钢罐，装料 3000 升，搅拌速度 180 转/分，通气量 1：（0.4~0.6）[升/（升·分）]，罐压（0.4~0.5）× 10^5 兆帕，温度 28~30 ℃，培养 42~48 小时。

接种量：一级种子罐为 1%~5%，二级种子罐 15%~20%，三级种子罐 20%~30%。

转罐时间：种子液由稀变稠，菌丝体或菌丝球由少变多，镜检菌丝体粗壮，细胞内充满原生质，分布均匀，无空泡时可考虑准备转罐。同时，还应观察菌丝特性有锁状联合，发酵液变为淡黄色，并由原混状态逐渐变清，种子液有清香味，无杂菌污染即可转罐。

（五）发酵罐培养

1. 培养基

玉米粉 1%，蔗糖 2%，磷酸二氢钾 0.01%，酵母粉 0.2%，硫酸铵 0.2%，豆油适量。

2. 培养条件

罐定容：500~（2 × 10^5）升，有的甚至可达 5 × 10^5 升，投料 60%。接种量：10%，罐温：28~30 ℃，罐压：（0.3~0.5）× 10^5 帕，空气流量：1 ∶ 1[立方米/（立方米·分）]，搅拌速度；180 转/分。

3. 放罐标准

（1）菌体形态：灵芝菌丝上无明显“芽头和锁状联合”，菌丝变细，菌丝原生质凝集，少数菌丝有自溶现象。

（2）含量：灵芝菌丝重量 15%~20%（湿重），黏度下降。

（3）酸碱度：pH 值下降到 2.5~3.0。

（4）发酵周期：灵芝菌丝深层培养时间控制在 96~120 小时。

4. 发酵过程中灵芝菌丝形态变化

为了掌握发酵过程中的菌丝生长状态，每隔 12 小时挑取少量发酵液中的菌丝经涂片着色，置于显微镜下观察每阶段菌丝发展的变化情况。可以看到，最初阶段菌丝细胞内原生质着色深，逐渐变浅；原生质从分布均匀到凝集；从初期明显的锁状联合，到后期菌丝壁上锁状联合不明显。在菌丝生长旺盛阶段，发酵液黏稠，气味清香，到了后期黏稠性下降，气味也变淡，菌丝部分自溶。

灵芝发酵过程中菌丝形态的变化是生化代谢变化的反映。一般都以菌丝体形态作为衡量种子的质量、区分发酵阶段、控制发酵全过程的代谢变化和决定发酵周期的依据之一。

5. 发酵过程中灵芝的代谢变化

一般微生物发酵过程都经过这样的几个时期：调整期、对数生长期、平衡期和衰亡期。灵芝深层培养也大体经历这几个阶段。在深层培养过程进行时，每隔 12 小时测定碳、氮含量及 pH 值，同时测定菌丝重量。结果表明，灵芝菌丝在整个发酵周期内，对碳、损（可溶性氨基氮）源的利用很少，但 pH 值在发酵过程中变化却很大。发酵初期，pH 值一般在 5.0 左右，随着菌丝的生长，pH 值就逐渐下降，一般降到 2.5~3.0，菌丝的重量不再增加，在此时发酵即可终止。

（六）放罐后处理

放罐处理方法有两种：一是以有效成分作为指标，按有效成分中的多糖或三萜类等物质的提取方法进行处理。另一种则以全液浓缩，烘干制成干物质供药用或将发酵液浓缩，经喷雾制成灵芝发酵精粉。现简述如下。

（1）多糖提取物。放罐后将菌丝体和发酵提取液分离（采用离心或板框压滤），菌丝用 90~100 ℃热水提取 3 次，合并发酵液置于真空减压浓缩罐内浓缩，加入浓缩浓量的 2~3 倍的 95%乙醇，搅拌均匀，静置后沉淀物通过离心机设备离心，收集沉淀物并烘干，即为灵芝粗多糖蛋白。若不需要含蛋白质成分时，可采用 Sevage 法除去蛋白质，逆向流水透析得到灵芝多糖。

（2）醇提取物。发酵液置于真空浓缩罐进行真空减压浓缩至一定体积，然后烘干制成干物质即可作为制药原料。也可以进行提取精制。将干物质投入提取器中，加入 95%的乙醇，回流 4 小时，得乙醇提取液，如此反复提取数次，至乙醇提取液无色或微带色为止。合并乙醇提取液，减压回收乙醇，至乙醇蒸尽，呈稠膏状，其主要成分为三萜类等化合物,可提供制药原料。灵芝深层发酵终止时,将菌丝体和发酵液分离,菌丝采用热水分别以 1 小时、1.5 小时、2 小时提取 3 次,然后合并热水提取液和发酵液,置于真空浓缩锅内浓缩,最后喷雾干燥,形成粉末状产品。

四、灵芝深层培养过程的质量控制

灵芝所含的化学成分复杂,目前灵芝主要有效成分有多糖类、三萜类化合物、核苷类等。由于上述成分测定方法的时间较长,在短时间内很难指导发酵全过程,故多数生产单位未能以有效成分作为客观指标来控制生产。一般均以菌体形态、菌体浓度,以及养分消耗生化指标作为控制发酵的标准。

在深层培养的早期,菌丝粗壮,分枝较少,原生质嗜碱性强,着色深。显微镜观察菌丝壁有明显的锁状联合。

培养后期,菌丝变细,有大量分枝,原生质嗜碱性弱,着色浅,出现较多空泡,锁状联合不明显,此为菌丝衰老的象征。

(一)菌丝球

菌丝疏松或紧密地集合在一起,分枝菌丝从中心向外放射,菌丝间被培养基所充填,内部菌丝逐渐老化,甚至细胞最外层菌丝是年轻的。到了发酵后期菌丝球“刺毛”不清、变短。

(二)无菌检验

主要检验灵芝发酵过程中的各个阶段是否被杂菌所污染,以便发现问题,及时处理。

1. 肉汤酚红培养基

牛肉膏 3 克,蛋白胨 10 克,葡萄糖 3 克,氯化钠 5 克,酚红溶液 2

毫升，水 1000 毫升，pH 值 7.3（灭菌消毒前）。

把发酵液接种于肉汤酚红培养基内。如果发酵液被细菌污染，由于细菌在生长过程中产酸，致使酚红指示剂由红变黄，培养基会变得混浊。

2. 平板杂菌检验培养基

牛肉膏 3 克，葡萄糖 3 克，蛋白胨 10 克，氯化钠 5 克，琼脂 20 克，水 1000 毫升，pH 值 7.3~7.6（灭菌消毒前），灭菌（0.1 兆帕，30 分钟）。

平板培养基接种发酵液后，如染霉菌，可从菌落颜色判断。通常霉菌颜色较鲜艳；酵母类的菌落花样较少，一般呈油脂或蜡脂状，表面光滑、粗糙或皱褶，边缘整齐、缺刻或带丝状。

（三）含量测定

菌体浓度和代谢产物的含量测定是控制发酵的重要参数之一，它的大小和变化速度对菌体的生化反应都有影响，因此量的测定具有重要意义。在生产上，常常用重量法测定菌丝体的重量，根据菌体浓度（菌丝体重量变化）和培养基配制的设计要有一定碳氮比，来决定补料和供氧工艺条件的主要依据，以保证生产达到预期的水平。

1. 菌丝体含量测定

（1）干重。取不少 100 毫升发酵液，水洗至水相澄清。在沙芯漏斗上用已知干重（60 ℃烘干）的滤纸真空抽滤，然后将菌丝体连同滤纸于 60 ℃鼓风干燥箱中干燥 2 小时，迅速称重，精确至 0.01 克。

菌丝体干重（克/100 毫升）= × 100

（2）湿重。取一定体积的发酵液，用离心机分离，转速 3500 转/分，离心 20 分钟后，弃去清液，称菌丝重量。如发酵液黏性大，菌丝不易分离时，采用硫酸铵盐析法或冰冻法分离菌丝。

发酵液中菌丝分离之后，用 95%乙醇反复提取菌丝 3 次，每次 1

小时，合并乙醇提取液，减压回收乙醇，沉淀物在 105 ℃烘干至恒重。测定乙醇提取物干重，以“克/100 毫升”表示。

2. 菌丝球数量的测定

取不少于 50 毫升的发酵液，按一定比例在带塞量筒中加水稀释，摇匀后取一定量在直径 150 毫米的培养皿中摊匀。培养皿下垫黑白相间的方格纸，用方格法计数。

菌球数（个/100 毫升）=菌球数（个）/相当于发酵液体积（毫升）× 100

3. 黏度测定

黏度大小可以作为细胞生长或细胞形态的一项标志，也能反映发酵罐中菌丝分裂过程的情况。通常用表观黏度（帕·秒）表示。它的大小可改变氧传递的阻力，又可表示相对菌体浓度。

4. 粗多糖含量测定

（1）灵芝胞外多糖测定。量取离心后的发酵清液 250 毫升，浓缩至 50 毫升。冷却，搅拌下加入 3 倍量 95%乙醇，于冰箱中静置过夜。次日离心，沉淀物（粗多糖）依次用无水乙醇、丙酮洗涤，真空干燥至恒重，精确至 0.001 克。

（2）胞内粗多糖测定。取一定体积发酵液，离心或过滤分离其中菌丝体，以蒸馏水洗涤 3 次，60 ℃烘干，研细。称取菌丝体干粉 1 克，以 50 毫升蒸馏水于沸水浴中抽取 3 次，每次 2 小时。离心，合并抽提液，浓缩至原体积的 1/5，以下操作同胞外粗多糖测定。

按下列公式计算：

胞外（内）粗多糖（克/100 毫升）=粗多糖干物质重量（克）/上清液（发酵液）体积（毫升）× 100

5. 总糖测定

采用苯酚-硫酸法。

6. 氨基氮的测定

采用甲醛法。

7. 溶氧测定

采用亚硫酸盐氧化法。一般用溶解氧浓度（ppM 或饱和度，%）来表示。

五、灵芝深层培养染菌的预防方法

灵芝深层培养类似抗生素的生产方法，整个培养过程对无菌程度要求相当高，在生产过程中一旦杂菌侵入就会前功尽弃。因此，预防染菌十分重要。

（一）染菌原因的分析

在发酵生产过程中，由于生产过程的环节很多，引起染菌的情况比较复杂。必须对染菌的原因作具体分析。

根据有关资料，汇总出深层培养生产中所发生染菌现象的各种原因所占的百分比，以供参考。

（1）种子带菌或怀疑种子带菌 9.64%。

（2）接种时罐压跌零 0.19%。

（3）培养基灭菌不彻底 0.79%。

（4）总空气系统有菌 19.96%。

（5）泡沫冒顶 0.48%。

（6）夹管穿孔 12.36%。

（7）蛇管穿孔 5.89%。

（8）接种管穿孔 0.39%。

（9）阀门泄漏 1.45%。

（10）搅拌轴密封泄漏 2.09%。

（11）罐盖漏 1.54%。

（12）其他设备漏 10.13%。

（13）操作问题 10.15%。

（14）原因不明 24.91%。

从发酵的生产经验来看，染菌的主要原因是空气系统和设备渗漏，其他原因则次之。

（二）大批量发酵罐染菌

深层培养过程中所需的氧是从空气中取得的。整个培养过程，要求供给的空气是无菌的。同时，还要求把可能带入的润滑油、空气压缩过程中析出的水分应在通过过滤器前除去，以防过滤器介质作用失效，致使微生物随着空气进入培养液，造成染菌事故。

在生产中，如果不同罐批都出现染菌，而且是染同一种杂菌，这时应考虑是空气系统问题。可能由于使用同一空气过滤器失效或过滤效率下降致使带菌的空气进入罐中而造成染菌。应对空气系统进行定期的检查。

空气除菌工艺流程应根据所在地的地理、气候环境和设备条件全面考虑，制订严格的除菌措施。如在温暖潮湿的南方，要加强除水分设施，以确保发挥过滤器的最大除菌效率；空气压缩机要加强消除油污；环境污染比较严重的地方，要考虑改变环境条件，提高空气的无菌程度。

（三）个别发酵染菌

个别发酵染菌的原因多数是由于设备和分过滤器出现问题。

（1）阀门的渗漏或罐体腐蚀磨损，特别是冷却管的穿孔等。据统计，因阀门渗漏引起的染菌占染菌比例较大。特别是与发酵罐直接连接的管道，应选择密封性较高的阀门。罐体部分都有可能发生腐蚀穿孔，特别是罐底极易磨损引起渗漏。

（2）发酵罐与管件的死角。所谓死角是指因某些原因而使灭菌温度达不到的地方。培养基中若含有钙盐类和固形物，由于逐渐沉积罐底造成死角而产生污染。

（3）过滤器介质失效。空气过滤器使用过久、影响过滤器除菌效率，可更换或再生处理。

（四）染菌的时间分析

在发酵早期被杂菌污染，可能是种子带杂菌或设备灭菌不彻底；在发酵中期或后期染菌，有可能是中间补料或设备渗漏，以及与操作失误等有关。

（五）染菌的类型分析

通常污染芽孢杆菌多数由于设备存在死角或培养基灭菌不彻底。如污染球菌、杆菌或酵母菌等则可能因空气中的冷凝水、空气系统或发酵罐的冷却管及夹套管渗漏等引起。污染霉菌大多数是灭菌不彻底或操作不严引起。

产生泡沫的培养基由于某些耐热细菌如芽孢杆菌潜伏在泡沫里，泡沫中的空气和泡沫的薄膜有隔热作用，不易把耐热菌杀死。一旦泡沫消泡，这些细菌就会造成污染。实践证明，灭菌时泡沫多，就不容易彻底灭菌。

（六）如何防治染菌

1. 严格生产管理

灵芝深层培养和其他抗生素工业一样，预防染菌问题的关键是生产管理。我们应该把预防染菌提到非常重要的地位。除掌握好生产上的每个环节，如培养基、种子、设备、空气、灭菌、发酵，以及建立严格的无菌检验管理制度外，还需要有干净的生产环境和解决染菌问题的正确思路和处理方法。

2. 及时准确地判断污染

（1）要随时注意发酵液的外观，如澄清、混浊、絮状等。同时还要注意色、味等。如灵芝发酵液有特殊的清香味，霉菌有酒味，其他细菌有酸味、异味等。

（2）认真镜检。用显微镜观察菌丝特性、染色情况，区别灵芝菌丝和杂菌的菌丝等。

（3）严格无菌操作，加强无菌检查。每天定时取样，注意观察平板培养与肉汤酚红培养的变化。

（4）严密观察整个发酵过程的代谢变化，特别注意 pH 值与温度的变化。

参考文献

[1] 林志彬. 灵芝的现代研究. 北京：北京大学医学出版社，2015：85-128.

第五章 灵芝的营养价值及加工技术

第一节 灵芝的有效成分及其功效

一、灵芝菌丝的主要化学成分

组成灵芝菌丝的化学成分与其他生物相同，主要是水、蛋白质、核酸、碳水化合物、脂类及各种无机盐类。构成这些化合物的化学元素有几十种，其中含量较多有碳、氢、氧、氮、磷、钾、镁、硫、钙、铁、钠、铜、锰、锌及氯等。其中碳、氢、氧、氮、硫、磷这六种元素含量最多，约占细胞总重量的95%以上。其他元素的含量很少，称为微量元素。这些元素在菌丝内绝大多数是以化合物的形式存在，可分为无机化合物与有机化合物两大类。

1. 无机物

（1）水。菌丝中90%以上是水。在菌丝内的水包括两类：①结合水，即与其他化合物结合起来的水分子，在一般的物理因素影响下很难失去，也不能流动；②自由水，是以游离状态存在的水，它是菌丝内重要的溶剂、能溶解各种营养成分及代谢产物，它在菌丝内起着贮存、运输的作用。

（2）无机盐类。其主要是指那些以离子状态存在的各种元素。如K^{+}、Ca^{2+}、Mg^{2+}、P^{+}、Na^{+}等。这些离子在菌丝内的总重量占菌丝总重量的 0.3%~0.9%。其中含量最多的是钾，占菌丝总重的 56%~70%；其次是磷，占菌丝总重的 0.15%~0.45%，它以磷酸根的形式存在，并经常与其他元素共同组成磷脂、核苷酸、三磷酸腺苷（ATP）等有机化合物，成为菌丝的重要组成成分。其他微量元素也很重要，其中的一些元素是酶的活性基团或者是酶的激活剂。

2. 有机化合物

（1）碳水化合物（糖类）。它包括有 D-葡萄糖等单糖，麦芽糖、蔗糖等双糖，肝糖原等多糖类，以及多种有机酸、醇、酚等化合物；其中含量最多的是多糖类。这些多糖多数是以游离状态或与蛋白质、脂类结合的形式存在于菌丝内，另一部分则以储备形式或以参与细胞结构的形式存在。在糖类的氧化过程中，能释放出能量供菌丝生命活动的需要。

（2）蛋白质。它是由碳、氢、氧、氮等四种元素为主组成的化合物，氨基酸则是组成蛋白质的基本化合物，组成蛋白质的氨基酸共有 20 余种。蛋白质在菌丝内的含量为鲜重的 7%~10%，是组成细胞质、细胞器、细胞核等的主要成分，也是组成各种酶类的主要成分。菌丝在新陈代谢的活动中不断吸收氨基酸等营养用以构成菌丝所需的蛋白质，同时又不断分解蛋白质为其生命活动提供能量。

（3）核酸。包括核糖核酸（RNA）和脱氧核糖核酸（DNA），它们是由碳、氢、氧、氮和磷等五种元素组成，它们是灵芝遗传性、变异性及蛋白质合成等生命活动中起主导作用的物质。

（4）脂类。脂类包括两大类，即细胞质中固定脂类和贮存脂类。前者是构成细胞质的必不可少的组成成分，后者则为储备物质的一部分。组成脂类的元素有碳、氢、氧等三种主要元素和氮、磷等辅助元素。在菌丝中，脂类主要以脂肪、磷脂、蜡质和固醇类等化合物的形式存在。脂肪是由三个分子的高级脂肪酸为主要成分的混合物，其中不饱和脂肪酸约占脂肪的 70%以上。其主要生理功能是以磷脂的形式参与菌丝的结构，同时也是能量贮存的一种方式。灵芝菌丝中含有的脂肪总重量不超过鲜重的0.5%。

磷脂和固醇类是细胞质膜、内质膜、线粒体膜及核膜的主要成分。这些生物膜对菌丝吸收营养、排出代谢的废物等活动有重要作用。

（5）维生素。在菌丝内存在以B族为主的多种维生素。这些小分子的化合物是多种酶类的辅基，如维生素B_1（硫胺素）是脱羧酶的辅酶，维生素B_2（核黄素）是黄素酶的辅基。

二、灵芝的有效成分及其功效

灵芝富含的有效成分非常丰富，目前已分离出对人体保健、防病治病有较好效果的成分达数十种之多，其中最主要的有效成分有下列数种。

1. 灵芝多糖

灵芝含有多种多糖，含量一般为1.8%~2.2%。灵芝多糖是灵芝中最有效的成分之一。脊椎动物的细胞膜外侧有许多糖蛋白构成的细胞膜受体，细胞间还有多糖构成的缓冲层，多糖构成的细胞膜受体和细胞间的多糖层，生物化学上称之为糖萼。受体有接收细胞信号的作用，神经信息、激素、生长素、药物需通过细胞受体发生作用，使细胞发生相应的生理活动。细胞膜外侧的受体常会因应激反应、自由基损伤、体内毒素、衰老而受到伤害或钝化，从而造成生理功能随之降低或错乱，免疫细胞识别、杀伤病菌、病毒、肿瘤细胞的能力下降。细胞膜外侧的受体脱落后，细胞膜外的多糖能重新将其修复，所以细胞膜上的受体是处于不断损伤、钝化和不断修复平衡状态中的。细胞膜外储备的多糖丰富、多糖的质量高、多糖分枝密度高，损伤的多糖受体修复就快。受体功能高，细胞活性也高。

灵芝多糖有广泛的药理活性，能提高机体免疫力，提高机体耐缺氧能力，消除自由基，抗有害药物对机体的损害，抗放射，解毒，提高肝脏、骨髓、血液合成DNA、RNA、蛋白质的能力，具有延长寿命，抗肿瘤等作用。灵芝多糖抑制肿瘤有3种手段：①通过提高机体免疫力，使免疫细胞能在肿瘤发生早期把其吞噬、杀死；②提高血小板纤维蛋白的形成能力，大量的纤维蛋白能将早期的肿瘤肿块紧紧包裹，使其与外界隔绝，杜绝肿瘤的营养来源，从而使其长期处在休眠潜伏状态；③降低肿瘤细胞表面电荷，肿瘤细胞表面电荷要比正常细胞高好几倍，表面电荷降低，肿瘤细胞分裂、繁殖能力随即降低。多糖还能抑制肿瘤细胞端粒酶活性，抑制其染色体末端的端粒形成，端粒可抑制肿瘤细胞，防止肿瘤细胞分裂繁殖对染色体的损伤，所以多糖有抑制肿瘤细胞无限、快速分裂的能力。目前，灵芝多糖已被用作辅助治疗肿瘤的药物之一。

灵芝多糖目前已分离到200多种，其中大部分为β型的葡聚糖，少数为α型的葡聚糖。β型葡聚糖是结构型的多糖，存在于细胞壁上；α型的葡聚糖是一种储存多糖，存在于细胞内。灵芝多糖和其他各种真菌多糖一样，也是由三股单糖链构成，是一种无序的螺旋状立体构形物，螺旋层之间主要以氢键固定定位，分子量从数百到数十万，除一小部分小分子多糖外，大多不溶于高浓度的乙醇中，但可在热水中溶解。液体培养的发酵液和固体培养的培养基中有灵芝菌丝分泌的胞外多糖。胞内多糖和胞外多糖都是有效多糖。从构成来看，灵芝多糖大多为异多糖，即除了含有葡萄糖外，大多还含有少量阿拉伯糖、木糖、岩藻糖、半乳糖、鼠李糖、甘露糖等其他单糖。单糖间的糖苷键连接有(1→3)、(1→4)、(1→6)数种，多数有分枝，部分多糖含有肽链。多糖链分枝密度高或含有肽链，其药理活性一般也比较高。多糖的药理活性与单糖间的糖苷键结合形式有关，单糖间以β(1→3)糖苷键连接的，是有药理活性的；而完全以β(1→4)糖苷键连接的则没有活性。灵芝多糖糖苷键的连接主要是以

β(1 → 3)(1 → 6)方式连接,具有较强的药理活性。梁忠岩等(1994)报道:灵芝多糖在水溶液中时,多糖链一般由三股单糖链组成,树舌多糖链在 0.1 摩尔的氢氧化钠溶液中会解离为单股链,不具螺旋状结构。多糖的药理活性与其立体结构(三级结构)有关,螺旋形的立体构型被破坏,多糖活性就大大下降。

灵芝多糖构型及其单糖组成,已被测定的有 60 多种。北京医科大学李荣蛙、何庆云等(1989)从赤芝(红灵芝)中分离到数十种灵芝多糖,其中对部分种多糖进行了组成及结构测定。李荣芷等(1991)分析测定,功能比较显著的多糖分子量大多为 9200~15 000,其中部分为含有多肽的肽多糖。东北师大梁中岩(1994)从树舌中分离到一种多糖(代号为 GFZa),分子量为 3 万~11.3 万,糖苷键以 β(1 → 3)为主,有-O-6 位分枝的葡聚糖。1983 年,薄井等(1983)从树舌热水提取物中分离到 4 种高纯度的 β-D-葡聚糖,代号为 F-I-Ial-β、F-I-Ia2-β、F-I-Ial-α、F-I-Ia2-α。前两种多糖具有强烈的抗肿瘤活性,分子量分别为 1.01×10^5、3.02×10^5,蛋白质含量为 0.12%~0.15%,其中 F-I-Ial-β 活性强于 F-I-Ia2-β。这两种多糖的葡萄糖残基都是由 β(1 → 3)连接的糖苷键,并在 O-6 位上有分枝,两者都具有(1 → 6)分枝的(1 → 3)β-D 葡聚糖特征。李荣正等(1994)认为,灵芝多糖结构中含有较多的糖苷键,可能是各种葡聚糖具有强烈药理活性的原因。在 GLB 和 GLC 系列中,除 GLB_7 外,其他单一均一体多糖的药理活性均低于 GLB 和 GLC 混合体。可以这样认为,GLB、GLC 所表现的药理活性是多种多糖协同作用的结果。因此,在多糖实际提取应用上,不必将多糖提得很纯,一般情况下采用灵芝水提液即可达到效果。

在国外,灵芝多糖也在广泛、深入地进行研究。1971-1989 年,Sasaki、Mizuno、Miyasaki、Usai、Saue、薄井等从灵芝、紫芝、树舌、铁杉灵芝及其他灵芝属真菌中分离到 100 多种灵芝多糖,并测定了其结构与活性,其中有 4 种多糖具有强烈的抗肿瘤活性。这 4 种多糖均含有蛋白质。其中紫芝多糖是含有蛋白质的β-D-葡聚糖,有15%的葡萄糖其第6位碳位上为D-呋喃糖苷,分子量为3.12×10^6和1.56×10^6,其中前一种葡聚糖抗肿瘤活性较强。Usai分离到了抗肿瘤活性的灵芝多糖,该多糖含有β(1→3)糖苷键,是一种具有高度分枝的葡聚糖。Miyasaki分离到了GL-I灵芝多糖,具有抗肿瘤活性,分子量为4×10^6,是由阿拉伯糖、木糖、葡萄糖聚合成的异多糖,含β(1→3)(1→6)(1→4)糖苷键。Mizuno等从紫芝中分离到两种葡聚糖和一种半乳聚糖,其分子量分别为10.5×10^6、3.12×10^5、2.43×10^3,前两种多糖对S-180皮肤肉瘤有强烈的抑制效应,而后者无抑瘤活性。1987年,Mizuno又从紫芝中分离到了多种葡聚糖,其中有几种为α(1→4)糖苷键连接的葡聚糖,这几种多糖基本无活性;而有β(1→3)糖苷键的葡聚糖对S-180有较强的抑制作用。Miyasaki通过对多种担子菌多糖的分析比较,认为β(1→3)吡喃葡聚糖的抑瘤活性与其1-6分枝的分歧度有密切关系。

2. 灵芝酸

灵芝酸是灵芝的主要有效成分之一,具有强烈的药理活性,并有止痛、镇静、抑制组胺释放、解毒、保肝、毒杀肿瘤细胞等功能。日本对灵芝商品中的灵芝酸含量十分重视,尤其是灵芝酸A、灵芝酸B、灵芝酸C、灵芝酸D的含量,他们认为灵芝酸含量越高,灵芝产品质量就越好。

灵芝酸是一种三萜类物质,基本构造为数个异戊二烯首尾相连构成,大部分为30个碳原子,部分为27个碳原子的萜类化合物。灵芝酸有四环三萜和五环三萜两类,目前已分离到的灵芝酸已达100多种,如灵芝酸A、灵芝酸B、灵芝酸C、灵芝酸D、灵芝酸E、灵芝酸F、灵芝酸G、灵芝酸I、灵芝酸J、灵芝酸L、灵芝酸ma、灵芝酸mb、灵芝酸mc、灵芝酸md、灵芝酸me;赤芝酸A、赤芝酸B、赤芝酸C、赤芝酸D、赤芝酸E、赤芝酸F等。灵芝酸含有30个碳原子;赤芝酸含有

27个碳原子。有些灵芝酸味甚苦，如灵芝酸A、赤芝酸A。这些灵芝酸大多为四环三萜，是高度氧化的羊毛甾烷；有些灵芝酸则没有苦味，如灵芝酸D和赤芝酸B等。灵芝子实体中灵芝酸含量随着其成熟度的提高而递增。灵芝酸在不同的灵芝品种中或同一品种不同培养基培养出的，以及不同生长阶段的子实体中，其含量与苦味程度也有所不同；灵芝的不同部位灵芝酸的含量也不同，子实体腹面灵芝酸含量最高。一般有苦味的灵芝，其灵芝酸含量往往较高。

3. 腺苷

灵芝腺苷是一种以核苷和嘌呤为基本构造的，药理活性很强的物质，是灵芝的主要成分之一。灵芝含有多种腺苷衍生物。腺苷衍生物能抑制血小板的过度聚集能力，对老年瘀血者具有良好的解血瘀能力，从而能改善人体血液循环，防止血栓病，如脑血栓、心肌梗死、血流不畅、机体无力等疾病。黄才、梁念兹(1994)认为，腺苷解血瘀能力是通过下列途径实现的：腺苷抑制血小板肌醇——磷酸(IP)的磷酸化，导致磷脂酰肌醇4-磷酸(PIP)和磷脂酰肌醇4，5-二磷酸(PIP_2)生成的减少，抑制血小板机动蛋白的聚合、从而降低了血液黏度。腺苷及腺苷衍生物还能提高血红蛋白2，3-二磷酸甘油的含量，提高血液供氧能力。

4. 甾醇类化合物

甾醇类化合物是多种激素的前体物，有恢复机体衰老、调节激素分泌能力、调节内分泌作用、恢复机体生命活力、增强心肌收缩能力、抗疲劳、提高机体抗病能力、抗缺氧能力和抗缺氧对神经损伤的作用。灵芝中的甾醇类化合物有麦角甾醇、胆甾醇、β-谷甾醇和各种甾醇类的异构物。

5. 有机锗

根据近年研究，灵芝子实体所含有机锗是人参的4~6倍，每千克灵芝子实体含800~2000毫克有机锗。

关于有机锗的作用,刘波等(1989)认为,灵芝有机锗是一种倍半氧化物负离子排成的网状结构,与体内污染物重金属(正离子)结合成为锗化合物,经20小时即可排出体外。因此,灵芝具有清血行气改善体质的功能,能溶解血管中的血栓,促使血液循环畅通,增强红细胞吸氧能力,促进新陈代谢,抵抗衰老。据江苏省肿瘤医院主任医师郎娃(1992)临床研究报道,灵芝所含有机锗可从肿瘤部位夺取电子,控制其电位,使肿瘤处在一种不利于生长的环境。包括促进巨噬细胞生成抗癌素白细胞介素-1,明显增强杀伤细胞(NK)的活性和促进肿瘤坏死因子(TNF)和干扰素的生成。"因此,有机锗具有防癌抗癌的作用。

6. 其他有效成分

(1)灵芝碱甲、灵芝碱乙:具有抗炎症作用。

(2)尿嘧啶和尿嘧啶核苷:能降低试验性肌强直症小鼠血清醛缩酶活性。

(3)腺嘌呤:具有镇静、降血清胆固醇,抗缺氧等作用。

(4)油酸:能抑制48/80及2318化合物引起的肥大细胞释放组胺,此外还有膜稳定作用及抗过敏作用。

(5)灵芝总碱:明显增加麻醉犬冠脉血流量,降低冠脉阻力及降低心肌耗氧量,提高心肌对氧的利用率,改善缺血性心电图变化;增加猫冠脉流量和脑血流量,还能明显减轻结扎麻醉豚鼠的冠状动脉左旋支诱发的急性试验性心肌梗死。

(6)灵芝、紫芝、藏树芝中的薄醇醚,灵芝孢子中的孢醚,可使部分切除肝脏小鼠的肝脏再生能力增强。

第二节　灵芝的药理作用

一、抗肿瘤作用

灵芝制剂对动物的成纤维肉瘤细胞及其肺部转移病灶有抑制作用，对 s180 实体瘤也有明显的抑制作用。从赤芝中分离的三萜类成分灵芝酸对离体培养的肝肉瘤具有细胞毒作用。灵芝制剂能够抑制小鼠肿瘤的生长，有学者证明，灵芝菌丝体提取物（GLP）对 C3H 小鼠的肌纤维恶性肿瘤有明显的抑瘤作用，而且对肺部转移病灶亦有抑制作用。还有学者报道，灵芝对 s180 小鼠的抑瘤率达 87.6%，其中 1/3 小鼠的肿瘤完全消退。近年的报告表明，灵芝多糖脂质体可激活肝癌患者腹水中的巨噬细胞。有学者认为，灵芝的抑瘤作用可能与增强体内杀伤细胞（NK）活性和促进 T 辅助细胞（TH）产生 T 细胞生长因子、γ 干扰素有关。对抗癌药环磷酰胺引起的白细胞减少，灵芝制剂对增加白细胞有显著的作用。灵芝具有抗肿瘤作用，而灵芝多糖是其抗肿瘤作用的主要有效成分，其抗肿瘤作用机制可能是宿主中介性的，即通过增强机体免疫功能而实现。

二、免疫调节作用

灵芝能提高机体的非特异性免疫功能、增强机体体液免疫功能、增强机体细胞免疫功能、促进免疫细胞因子的产生、增强淋巴细胞的 DNA 多聚酶活性，以及具有抗过敏作用。

灵芝能促进单核巨噬细胞系统的吞噬能力，其作用超过补气药党参和黄芪，还可活化巨噬细胞，增强 T 细胞功能和自然杀伤细胞及淋巴细胞介导的杀伤细胞活性，促进释放白介素-2。灵芝制剂也能增强体液免疫功能。多项指标综合试验研究结果表明，灵芝多糖对正常小鼠有明显的免疫增强作用，能使免疫抑制剂、抗肿瘤药、应激和衰老引起的小鼠降低的DNA多聚酶活性恢复到年轻小鼠水平，具有“返老还童”作用。我国和日本学者从免疫药理、细胞药理、分子药理和临床药理等方面进行了多年的联合研究，结果证明，灵芝不仅能延长果蝇的寿命，刺激造血系统，保护肝细胞不受中毒损伤，提高动物对缺氧的耐受力，消除超氧阴离子自由基和抑制脂质过氧化（抗衰老），而且是一种免疫调节剂，具有促进巨噬细胞分泌白细胞介素-1和肿瘤坏死因子，提高自然杀伤细胞活性，抑制过高的免疫反应等作用。研究还证明，灵芝能降低患者的血液黏稠度，有效预防血栓形成。

三、抗辐射作用

在钴-60 γ 射线照射前给小鼠灌胃灵芝液（10g/kg）20日，照射后继续给药2周，能显著降低小鼠的死亡率。灵芝组和对照组照射后30日的死亡率分别为44.4%和70.4%。钴-60 γ射线照射后，给小鼠腹腔注射灵芝液（10g/kg），虽对照射后30日死亡率无影响，但可使死亡动物的平均存活时间明显延长。台湾学者研究表明，赤芝提取物腹腔注射对小鼠经X线照射所致损伤具有一定的保护作用，可轻度增加照射30天的存活率，促进照射后小鼠体重和血常规的恢复。研究认为，灵芝对放射性损伤的保护作用可能与其刺激骨髓造血功能有关，能促进骨髓细胞蛋白质、核酸的合成，加速骨髓细胞的分裂增殖。灵芝含有多种生物活性物质，能够调节和提高人体的免疫力，提高人体的白细胞数量，从而有效地消除辐射对人体造成的危害。因此，适量服用灵芝或灵芝孢子粉，可提高人体内在的抗辐射能力。

四、对中枢神经系统的作用

研究发现,灵芝有镇静作用,能显著地抑制小白鼠的自发性活动,给小鼠腹腔注射灵芝酊、灵芝发酵浓缩液或菌丝液后,经 1~2 分钟即出现镇静作用,表现为自发活动明显减少,肌张力降低。能增强巴比妥类药物的中枢抑制作用,并可加强氯丙嗪、利舍平的镇静作用,拮抗苯丙胺的兴奋作用。有镇痛作用,用电刺激法及热板法进行试验,给小鼠灵芝浓缩液灌胃或腹腔注射后,痛阈均有提高,可使大鼠的痛反应潜伏期延长 37.9%,约半数动物完全镇痛,具有显著的镇痛作用。有抗惊厥作用,对抗电击引起的小白鼠惊厥作用,这种抗惊厥作用和灵芝制剂的剂量大小成正比。有安定作用,给小鼠皮下注射灵芝注射液能减少电刺激引起的撕咬反应,能显著抑制孤独雄性小鼠的攻击行为,此作用能维持 4 小时以上。

五、对心血管系统的作用

灵芝有强心作用。灵芝酊对正常八木氏离体蟾蜍心脏和戊巴比妥钠中毒的离体蟾蜍心脏均有明显的强心作用,对后者作用尤为显著。在一定剂量范围内,强心作用随剂量增加而增强,表现为心脏收缩力增强,输出量增加,对中毒衰弱心脏的作用尤为明显。对于在体的健康家兔的心脏也有加强收缩的作用。

灵芝制剂对给正常清醒家兔静脉注射垂体后叶素引起的急性心肌缺血有一定的保护作用,能使心电图(V5 导联)高耸的 T 波显著降低。其原因可能与扩张冠状动脉、增加冠脉流量有关。用同位素铷-86 测定小白鼠心肌营养性血流量证明,灵芝能增加心肌营养性血流量,改善心肌微循环,增加心肌氧的供给,这可能是灵芝对心肌缺血有保护作用的重要环节。

灵芝有降压作用。灵芝菌丝水提物静脉注射给药可使家兔和大鼠的收缩压、舒张压均降低，但对心率无影响，并证明这种降压作用是通过抑制中枢交感神经实现的。灵芝的甲醇提取物对血管紧张素转换酶有抑制作用。

灵芝还有降脂作用。给家兔饲以高胆固醇、高脂肪饮食，其在主动脉壁可形成试验性动脉粥样硬化斑块，并出现血清胆固醇、三酰甘油和β脂蛋白明显升高的现象。长期给家兔口服灵芝浓缩液或糖浆可使动脉粥样硬化斑块形成缓慢且程度较轻，但对血清脂质变化无影响。在大鼠的饲料中加入灵芝的菌丝体，可显著降低血清和肝脏中胆固醇和三酰甘油的含量。

六、对呼吸系统的作用

镇咳作用：小鼠腹腔注射灵芝水提液、乙醇提取液、灵芝菌丝醇提液、灵芝发酵浓缩液等均有明显镇咳作用，使氨水刺激引咳的潜伏期延长，或使咳嗽次数显著减少。但灵芝制剂对电刺激猫喉上神经引起的咳嗽无镇咳作用。

祛痰作用：用小白鼠酚磺酞法进行祛痰试验，腹腔注射上述镇咳试验时采用的灵芝制剂，多可使小鼠气管冲洗液中酚磺酞含量增加，即有祛痰作用。但灵芝发酵浓缩液无效。

平喘作用：灵芝酊、灵芝液、灵芝菌丝体乙醇提取液及浓缩发酵液对组胺引起的豚鼠离体气管平滑肌收缩有解痉作用，且此作用与所用药物浓度成正比。京大灵芝等灵芝的发酵液除拮抗组胺外，尚能拮抗乙酰胆碱和氯化钡引起的豚鼠离体气管平滑肌收缩。将豚鼠置于喷雾箱中，喷以一定浓度的组胺溶液，可使之产生“喘息”（呼吸困难、抽搐直至翻倒）。预先腹腔注射灵芝酊或灵芝液、灵芝菌丝体乙醇提取液及灵芝发酵浓缩液可使少数豚鼠不产生“喘息”，可使“喘息”发作的潜伏期显著延长。

对慢性气管炎动物的治疗作用：用复方灵芝（内含灵芝菌丝体和银耳孢子）治疗慢性气管炎大鼠（用杂木锯末和烟丝燃烟熏 6 周形成，均有典型慢性气管炎病理改变），共 4 周，可见气管的纤毛柱状上皮的再生修复快而完全；气管软骨变性恢复也较快，多在给药后 1~2 周恢复正常，而对照组则需 4 周方可完全恢复；杯状细胞增生较对照组为轻；炎症渗出亦较对照组消退快。

灵芝制剂常用于治疗慢性支气管炎和哮喘，有较好的疗效。药理研究表明，灵芝制剂虽有一定的镇咳、平喘及抑制过敏介质释放的作用，但这些作用均远不及常用的止咳药、平喘药和抗过敏药，而且临床疗效特点也不相同。灵芝制剂的疗效出现慢，多在用药后 1~2 周生效，少数病例生效更迟，延长疗程可使灵芝的疗效提高。有效病例在咳、痰、喘、炎症改善的同时，均伴有食欲增加、睡眠改善、体力增强、畏寒减轻、不易感冒等特点。对中医辨证属虚寒型、痰湿型患者疗效较好，肺热型及肺燥型疗效较差。

灵芝对慢性支气管炎患者的疗效主要是通过增加机体免疫功能，减轻一些诱因引起的气管、支气管的慢性炎症变化而达到的，即是灵芝可扶持正气，增加了人体抵御外邪的能力。因此，灵芝制剂对慢性气管炎的疗效主要是通过“扶正固本”作用而实现的。这一作用也有助于预防流感等疾病。

七、对消化系统的作用

灵芝对四氯化碳引起的小白鼠试验性中毒性肝炎有保护作用，可降低谷丙转氨酶，促进肝细胞再生。病理组织学检查证明，用灵芝的小白鼠中毒性肝炎程度较对照组轻，病变范围不如对照组广泛。灵芝孢子粉对由 D–氨基半乳糖引起的小鼠肝脏损害有保护作用，可减轻化学药物（毒物）对肝脏的损伤，加强肝脏代谢药物（毒物）的解毒功能。能不同程度地抑制离体兔肠和离体豚鼠回肠平滑肌活动，能拮抗乙酰胆碱和氯化钡引起的兔肠平滑肠收缩，还能对抗组胺引起的离体回肠收缩。可降低免疫性肝损伤动物的血清 ALT 和肝脏的三酰甘油。灵芝不仅能增强单核巨噬细胞、NK 细胞和 T、B 淋巴细胞的功能，还能促进免疫细胞因子如白细胞介素-2、干扰素的合成和释放，并因此纠正肝炎患者的免疫功能紊乱，并通过免疫细胞和细胞因子杀灭肝炎病毒。

八、对内分泌和代谢系统的作用

降血糖作用：能提高正常小鼠和糖负荷小鼠血浆胰岛素水平，但对胰岛素与脂肪细胞的结合过程无影响。可明显促进肝脏葡萄糖激酶、磷酸果糖激酶、葡萄糖-6-磷酸和糖原合成酶活性，降低肝脏葡萄糖-6-磷酸脱氢酶活性。在对血浆总胆固醇和三酰甘油水平无影响的情况下，可降低肝糖原含量。灵芝制剂能显著提高小白鼠耐受常压和低压缺氧的能力。在试验造成的缺氧条件下，灵芝组动物平均死亡时间为 27 分 23 秒，对照组为 22 分 32 秒，相差将近 5 分钟，差异非常显著。

九、抗衰老作用

灵芝是研究较多的一种抗衰老中药。现已证明，赤芝水提物能延长果蝇的平均寿命，能使老龄鼠显著降低的免疫功能恢复至成年鼠水平。灵芝可以改善冠脉循环和心肌供血，降低心肌耗氧量，提高机体对缺氧的耐受能力；抑制血小板聚集，降低血脂，减轻动脉粥样硬化的程度；促进正常组织和损伤组织的蛋白质、核酸合成；增强肝脏的解毒功能，抗肿瘤；提高骨髓抗化学性损伤和射线损伤的能力等。这些作用对改善老年人的免疫功能低下，预防心脑血管疾病和肿瘤有良好的影响，是抗衰老的重要药物。自由基是细胞代谢过程中产生的活性物质，它能诱导氧化反应，使生物膜中多种不饱和脂类发生超氧化变性，形成脂质过氧化物引起细胞结构和功能的改变，导致器官组织的损伤。灵芝热水提取物、灵芝多糖均具有清除自由基活性的作用，如清除氧自由基和羟自由基。衰老的自由基产生学说认为，自由基的增多是衰老的重要原因，故灵芝的清除自由基作用可能亦参与其抗衰老作用。

十、美容作用

灵芝的美容作用主要表现为改善微循环、清除皮肤色素、提高身体功能，保持机体年轻状态等方面。下文主要介绍前两方面。

1. 改善微循环

皮肤随着年龄的增长会变得粗糙，产生皱纹（具体到每个人可能因体质、工作环境、护理方式不同而有所差异），但机体生理功能的衰弱造成皮肤新陈代谢发生变化是面容衰老的主要因素之一。微循环是指微（细）动脉和微（细）静脉之间微血管的血液循环，是循环系统中最基层的结构，其基本功能是向全身各脏器、组织、细胞运送氧气和营养物质，带走代谢产物，及时调节组织间液、淋巴液和血管内液之间的平衡。灵芝腺苷及腺苷衍生物能抑制血小板肌醇-磷酸（IP）的磷酸化，导致磷脂酰肌醇 4-磷酸（PIP）和磷脂酰肌醇 4，5-二磷酸（PIP2）的生成减少，抑制了血小板机动蛋白的聚合，从而降低了血液黏度。腺苷及腺苷衍生物还能提高血红蛋白 2，3-二磷酸甘油的含量，提高血液供氧能力，能促进毛细血管瓣的开放，导致微循环灌流量增加，可改善人体血液循环，防止血栓病，如血液不畅、机体无力等疾病，从而对改善和保护组织及脏器功能十分有利。机体的健康通过皮肤表现为肤色变白、透红、滑润、有光泽。

2. 清除皮肤色素

随着年龄的增长，皮肤会出现皱纹，面部及手背部出现褐色斑点（称为老年斑或寿斑）。皱纹的出现是因为胶原纤维及弹力蛋白的损耗和减少。而灵芝中含有抑制黑色素的成分及含有多种对皮肤有益的微量元素。通过减少人体内的自由基，加速细胞的再生，改善微循环，增强皮肤的厚度，并增加胶原质（胶原质是将细胞聚合在一起的"黏胶"），达到丰润皮肤、消除细纹与皱纹的效果。对部分老年人群服用灵芝的跟踪调查表明，老年人服用后老年斑减少，面色红润、皮肤富有弹性及光泽。通过研究还发现，灵芝中的有效成分可以将细胞与皮肤上的"结合剂"加以松绑，使坏死细胞的上层部分脱落得更平坦、快速，消除皮肤垃圾，使底层的细胞显得较平滑，从而达到改善皮肤的光泽度和减少纹理的效果。

十一、其他作用

能降低血清醛缩酶，对 2，4-D（除草剂 2，4-二氯苯氧乙酸）所致肌肉损伤有某种保护作用。灵芝浸膏治疗烧伤大鼠，可使烧伤大鼠心肌超微结构保持得比较完整，结构比较清晰，线粒体无明显肿胀，其嵴排列较整齐，线粒体保持较完整。给大鼠腹腔注射灵芝子实体总提取物，可使心肌组织和血浆中的环磷酸腺苷水平升高。内毒素诱发的播散性血管内凝血大鼠，给予灵芝水提物能防止血小板和纤维蛋白原的减少，延长前凝血因子Ⅱ时间，增加纤维蛋白降解产物，防止肝静脉血栓形成。体外试验证明，灵芝水提液可抑制胶原酶诱发的血小板聚集反应。灵芝具有明显的抗人类免疫缺陷病毒（HIV）的作用，灵芝子实体水提取物的低分子量部分、甲醇提取物的中性和碱性部分能抑制 HIV 增殖。

动物的急性及亚急性试验均证明，灵芝的毒性极低，与中医古籍记载的灵芝"温平无毒"一致。在亚急性毒性试验中，给幼大鼠灌胃饲以灵芝冷醇提取液共 30 日,结果对生长发育无不良影响。肝功能、心电图等未见明显异常,心、肝、肾、肺、脾、脑及肠等脏器的病理组织学检查亦未见明显异常。每日给狗灌胃灵芝冷醇提取液共 15 日,然后再给灵芝热醇提取液共 13 日,前后共给药 28 日,观察指标均同大鼠亚急性毒性试验,结果也基本相同。灵芝糖浆对小白鼠、兔及狗的亚急性毒性试验结果表明,灵芝的毒性低,大剂量服药 10~20 日,对动物的食欲、体重、肝肾功能及血常规均无不良影响,心、肺、肝、肾等重要脏器无明显病理改变。给小鼠灌胃灵芝菌丝体共 7 日,对小鼠骨髓细胞染色体畸变率和微核千分率均无异常影响,对小鼠精子畸变率亦无异常影响,即灵芝菌丝体无致突变作用。

第三节 灵芝孢子粉的功效

灵芝在生长中分为几个过程,即灵芝孢子粉、菌丝、子实体。

灵芝孢子是灵芝的种子,在灵芝的生长成熟期产生并释放出来,其直径只有 5~8 微米,只有在高倍显微镜下方可看清它的形态特征。由于灵芝孢子具有双层坚硬的壁壳,且耐酸、耐碱、耐机械力,所以要提取灵芝孢子的有效成分必须先破壁。灵芝孢子在没有破壁的情况下,是不利于人体吸收的,但破壁技术仍是一个大难题。另外,孢子粉破壁后会丢失或破坏膜上有效成分,而且破壁后的孢子容易因原生质氧化,而对人体有害。我们平时肉眼看见的粉状物是无数个灵芝孢子集中起来的。灵芝孢子粉在自然环境下收集非常困难,大约产出 100 千克原木灵芝才能收集 1 千克孢子粉。孢子内含有比灵芝子实体更丰富的多糖肽、腺嘌呤核苷、蛋白质、酶类、硒元素等特殊成分,灵芝孢子粉在增强免疫力、抑制肿瘤的药效方面远远超过灵芝子实体。

一、灵芝破壁孢子粉

灵芝孢子粉有效成分的含量与灵芝的品种、生长阶段、生长环境、培养基地种类有关。灵芝孢子外部包裹了一层坚韧的外壁——孢子壁,构成孢子壁的几丁质、纤维素和木质素不溶于水,且耐酸、耐碱、耐压、耐温,对消化酶也非常稳定,使得被包裹的有效物质不易提取,生物利用度极低。只有打开这层外壁,其有效成分才能最大限度地被人体利用吸收。服用不破壁的孢子粉,在人体内停留仅 6 个多小时,“穿肠而过”吸收利用率只有百分之十几。孢子粉一端有小孔,其主要精华是孢子油,通过水煎也能释放出一部分孢子油,吸收利用率可达 35%左右。若破壁后服用,人体吸收利用率可达 100%。所以,必须服用破壁孢子粉才更有效,破壁后才方便人体吸收利用,目前灵芝孢子破壁的技术有生物酶解法、化学法、物理法等,效果较好的是不破坏孢子有效成分的超低温物理破壁技术。采用物理破壁技术,破壁率高达 99%以上,且不破坏原生质的有效成分,在破壁过程中无污染、无金属残留。

1. 灵芝破壁孢子粉的功效

(1)抗肿瘤及抗辐射功能。其可促进淋巴细胞的增殖,增强巨噬细胞的吞噬力,提高激活状态下的巨噬细胞产生白细胞介素-1 的能力,促进脾细胞产生 T 细胞生长因子,诱导干扰素生成,改善症状,减轻痛苦,增进食欲,使肿瘤缩小,对癌症的复发有预防作用。

(2)保肝解毒功能。其可提高肝脏的解毒排毒能力,减少面部色素沉淀,美容养颜,延缓衰老。

(3)对心血管系统的功能。其可降低血黏度,增加心肌收缩力,改善心律,降低心肌耗氧量,对急性心肌缺血具有预防作用。

(4)镇静安神功能。

（5）抗疲劳、提高机体免疫力的功能。

（6）平喘、止咳、祛痰功能。

2. 灵芝破壁孢子粉适用范围

（1）对癌症（淋巴癌、乳腺癌、肝癌、结肠癌、胃癌等）患者，可抑制癌细胞生长，配合手术、放疗、化疗，效果更佳。

（2）适用于肝炎、糖尿病、肾脏疾病、心血管疾病、冠心病、高血压等患者。

（3）适用于支气管哮喘、风湿性关节炎、胃溃疡、胃肠功能紊乱等症。

（4）适用于全身乏力、失眠、头晕、神经衰弱、气短多汗、前列腺炎、尿频等症。

3. 灵芝破壁孢子粉的识别

灵芝子实体正面带孢子粉、苦味浓、单片大而厚者属优质品。直径 10 厘米以上，厚度 1 厘米以上，单朵重 30 克以上者属特级正品；直径 7~10 厘米，厚度 1 厘米以上，单朵重 30 克以上者为一级品；直径 5~7 厘米，厚度 1 厘米以上，单朵 15~30 克者为二级品；直径 3~5 厘米，厚度 0.6 厘米以上，单朵重 6~15 克者为三级品；直径 3 厘米以下或畸形芝等为等外品。

（1）孢子粉。先看颜色，纯孢子粉为赤褐色或褐色，颜色较深；再检查纯度，一是取 1~2 克孢子粉放在嘴中品尝，无任何感觉或稍微有杏香的为纯品，有牙碜感觉或有异味、霉味的说明有杂质或已变质。二是把 4~5 克孢子粉放入干净的茶杯内，倒入清水，充分搅拌后，停 2 分钟再慢慢将水倒出，若无沉淀物说明此孢子粉纯净，若有一层沉淀物，杯口水面上有漂浮物则说明此粉有杂质，沉淀漂浮多少则说明杂质有多少，此检测方法简单，判断准确。

（2）破壁孢子粉。一般颜色属深褐色，检查破壁率唯一的办法是在电镜下观察计算。若无此条件可采用直观法，取破壁粉 3~5 克放入玻璃杯中,冲入适量开水,注意观察杯中,水面有无小油滴(油滴就是灵芝孢子油)出现,油珠越多,杯壁挂壁越严重,就说明是破壁孢子粉且破壁率越高。反之,说明不是破壁粉或破壁率不高。至于破壁率的高低必须有"中国科学院微生物研究所"鉴定报告证明,其他任何地方单位所出具的证明,都无权威性、可靠性。所以消费者在购买破壁孢子粉时,要让经销商出具"孢子粉破壁率的鉴定报告"及"有关成分含量证书",这样才不至于上当受骗。

二、灵芝孢子油

灵芝的真正精华是蕴藏在灵芝孢子内的油脂质生物活性物质——孢子油,这是灵芝发挥强烈药效的主要成分。灵芝孢子油是由低温物理破壁后的原木灵芝孢子粉,经超临界二氧化碳萃取的灵芝孢子油而成。

孢子油的主要成分为三萜类灵芝酸、灵芝多糖和不饱和脂肪酸。

1. 灵芝孢子油的作用

(1)全面增强肿瘤患者的体质,延缓或阻止肿瘤并发症的发生。

(2)配合手术、放疗、化疗,促进癌症患者术后康复。提高肿瘤患者对放、化疗的敏感性和耐受性,减轻放、化疗引起的白细胞减少、食欲减退、呕吐、脱发,以及对肝肾功能的损害等毒性作用。

(3)提高肿瘤患者的生存质量(增进食欲、改善睡眠、镇痛等),延长生命,减轻痛苦。

(4)防止肿瘤复发和转移。

(5)心脑血管疾病、慢性肝炎、糖尿病等慢性病患者用于提高身体免疫力,增强药物疗效及降低长期用药引起的毒性作用。

(6)可增加皮肤光泽,美容养颜,预防皮肤疾病。

2. 灵芝孢子油的鉴别

灵芝孢子油为油状物，清澈略呈淡黄色，由孢子中提炼所得，具有孢子粉特有的清香味。孢子油纯品最好有国家权威部门的鉴定报告，并证明其中灵芝三萜、多糖等主要成分的含量多少。至于一些厂家生产的灵芝保健品、食品等灵芝成品，最好让厂家出具由国家有关部门检验合格后核发的“保健批文”“卫生许可证”“无公害证书”等证明文件，以便鉴别真伪。

3. 灵芝与相近品种的区别

灵芝分野生灵芝和人工栽培灵芝两种。野生灵芝多为褐黑色，有光泽；栽培灵芝为棕色实体。

灵芝的选择可从其形状、色泽、厚薄、比重上判别好坏。优质灵芝子实体柄短、肉厚，菌盖的背部或底部用放大镜观察，能看到管孔部位，呈淡黄或金黄色为最佳，呈白色的次之，呈灰白色而且管孔较大的则最次。野生灵芝在幼嫩时被虫蛀过，会使许多其他多孔菌混杂其中，应注意剔除。

（1）树舌。实体形态为菌盖无柄，半圆形，剖面扁半球形或扁平，褐色，有同心环状棱纹，菌肉浅栗色，菌管多层，每层厚 1~5 毫米，在各层菌管间夹有一层薄的菌丝层。

（2）层叠树舌。实体形态为担子果，可连续生长 2~3 年，每年新菌盖生于老菌盖下侧，无柄，有时有柄。菌盖扁或下凹，灰色或浅褐色，有同心环带，菌肉浅栗色，软，轻质。

（3）红缘层孔。实体形态为菌盖无柄或平伏而反卷，扁平，扁平球形至马蹄形，木质。为灰色至黑色，有宽的棱带，菌肉近白色至木色，木栓质，有环纹。

（4）肉色栓菌。实体形态为菌盖木栓质，无柄，半圆形，扁平，有时近蹄形，覆瓦状。表面有不明显的辐射状皱纹，有不明显的环纹，具细微绒毛，为棕灰色至深棕灰色。

4. 野生灵芝和人工栽培灵芝比较

灵芝以原木灵芝、原木栽培的品质较好，因可控制生长条件，品质较野生灵芝稳定安全，且无任何副作用。生物学家认为，不是每种野生灵芝都可服用，野生灵芝没有经过精心栽培和照料，品质很差，当人们发现时，灵芝不是老化变质，就是已被虫蛀，有的甚至含有毒素，而且灵芝成熟时未采集，经过三年时间有效成分就开始自行分解，因此不宜服用。对于食物资源，人们总认为野生资源的营养价值较人工栽培的高，其实不然，现代科学研究将野生灵芝与人工栽培灵芝做了客观的比较，结果并非如此。

从功效成分来看，灵芝的孢子粉是灵芝最精华的部分。野生灵芝在采摘时，一般只能采摘到子实体，灵芝的孢子粉几乎不可能收集到。而人工栽培灵芝则能很好地掌握其生长周期，完全能收集到孢子粉。

在生理活性方面，研究者在进行灵芝对体外肿瘤细胞的杀伤试验时，将野生灵芝粉、人工栽培灵芝粉及人工栽培灵芝粉加孢子粉三组进行对比后发现，野生灵芝与人工栽培灵芝对肿瘤细胞的杀伤能力基本相同，在人工栽培灵芝粉中加入孢子粉后，其杀伤癌细胞的能力增强了 10 倍，说明孢子粉与灵芝子实体配伍合用极大地提高了灵芝的生理活性。

其实，灵芝采摘时间对其功效影响巨大。灵芝自子实体形成到成熟需数月，在接近成熟时若未经采收，有效成分将渐渐降低，最后木质化而失去活性。野生灵芝的采摘时机无法正确掌握，因此，野生灵芝的品质差异性很大，总体应用效果差。人工栽培的灵芝，工作人员每天必须去观察其生长情况，同时，不断将采样送至试验中心做成分检测，当其功效成分（如灵芝多糖）含量达最高值时，便可科学采摘。

第四节 灵芝加工技术

灵芝加工主要有子实体加工和灵芝孢子粉加工。

一、灵芝的干制

灵芝由于味苦且木质化,一般不能新鲜食用,故采收后多先进行干制,以便贮存和日后销售。干制方法分自然干制、人工干制和自然人工结合干制三种。人工干制设备要求具有良好的加热装置及保温设施,以保证干制时保持较高而均匀的温度;要有良好的通风设施,以便及时排除原料蒸发的水分;还应有较好的卫生条件和劳动条件,避免产品污染并便于操作管理。下面介绍几种常用的干制设备。

(一)干制设备

1. 烘灶

烘灶是最简单的人工干制设备。有地面烘灶和地下坑两种。干制食用菌时,在灶中或坑底生火,上方架木檩、铺席箔,原料摊在席箔上干燥。通过火力大小来控制干制所需的温度。这种干制装置结构简单,生产成本低,但生产能力小,干燥速度慢,劳动强度大,干制品质量难以控制。

2. 烘房

目前生产上推广使用的烘房,多属烟道气加热的热空气对流式干燥设备,一般为长方形土木结构,形式多样。现介绍两种较普遍使用的烘房。

(1)一炉一囱回火升温式烘房。一种是烘房一端的一侧设置一个炉膛,烟火沿火道绕烘房一周,再回到炉膛一端,从烟囱排出。烘架固定设置于烘房内,即烘房内一侧为固定的烘架,旁边为供操作管理的走道。另一种是炉膛设置于烘房一端的中间，烟火沿主火道至另一端后，再从两侧的边墙回至设炉膛一端的烟囱排出。烘房内设轨道，烘架为活动式，这种升温方式适用于生产量不大、容积小的烘房，温度可以达到干制要求，建造较简易，操作也很方便。

（2）两炉一囱回火升温式烘房。两个炉膛设置在烘房山墙的一端，两个炉膛之间设置烟囱，炉膛内烟火沿各自的火道行至对端后，再沿两侧的墙火道回流至烟囱排出。这种烘房能充分利用热能，保温性能好，室内温度比较均衡，目前使用比较普遍。缺点是建筑技术较为复杂。

目前，有条件地区已建蒸汽或电加热烘房，有的安装温度自控仪。为提高热效力，通常在加热面涂刷辐射远红外线的涂料。

3. 人工干制机

这是一种功效较高，可根据需要控制干燥温度、湿度和流速的设备。干燥时间短，干制品质量好。

（1）隧道式干燥机。这种干燥机的干燥部分为狭长隧道，原料铺在运输设备上，间断地或连续地通过隧道而完成干燥。隧道可分单隧道、双隧道及多层隧道等形式。干燥间一般长 12~18 米、宽约 18 米、高 18~20 米。加热室设在单隧道式干燥间的侧面或双隧道式干燥间的中央。在加热室的一端或两端装加热器和风机，推动热空气进入干燥间，经过待干燥的原料，使它的水分蒸发。产生的废气则一部分自排气孔排出，一部分回流到加热间重新利用。

隧道式干燥机按原料和干燥介质的运行方向，分为逆流式、顺流式和混合流式三种。

逆流式干燥机装原料的载车与空气的流动方向相对而行，载车由低温高湿的一端进入，高温低湿的一端出来，干燥开始时温度较低（40~50 ℃），终了时温度较高（65~85 ℃）。管理中要注意后期的温度控制。

顺流式干燥机载车的前进方向和空气的流动方向相同。开始时温度较高（80~85 ℃），水分蒸发快，向前进，温度渐低，空气湿度较大，水分蒸发变慢，终了时温度较低（55~60 ℃），适用于含水量较多的物品干制。管理上应注意避免干制品的水分超标。

混合式干燥机又称对流式干燥机或中央排气式干制机，有两个鼓风机和两个加热器，分别设在隧道的两端，热风由两端吹向中间，通过原料而将湿热空气从隧道中部集中排出一部分，另一部分回流利用。混合式干制机具有能连续生产、温湿度易控制、生产效率高、产品质量好等优点。原料先进入顺流隧道，温度较高、风速较大的热风吹向原料，加速原料水分的蒸发。载车渐次推进，温度略低，湿度较高，水分蒸发速度渐缓，原料表面不致结成硬壳。待原料排出大部分水分后，进入逆流隧道，以后再往前推进，温度渐高，湿度渐低，原料干燥比较彻底。在正常情况下，整个干燥过程有 2/3 在顺流隧道内完成，其余 1/3 在逆流隧道内完成。在原料进入逆流隧道后，应控制好空气温度，过高会使原料焦化和变色。

（2）带式干制机。这种干制机的干燥部分是用帆布、尼龙布或金属网制成的传送带。原料铺在传送带上，随传送带向前移动而与干燥介质接触而干燥。以四层传送带式干燥机为例，当上层部位温度达到 70 ℃时，将原料从顶部的一端定时装入，随着传送带的转动，原料也依次由最上层逐渐向下移动，至干燥完毕，从最下层的一端出来。这种干制机用蒸汽加热，暖气管装在每层金属网的中间，新鲜空气下层进入，通过暖气管变热，然后通过原料，使其水分蒸发，湿气由出气口排出。

在干燥过程中，应注意机中温湿度的变化。当上层干湿球温度为 45~50 ℃时，其干湿球温差应为 7~10 ℃，其差数小于 5 ℃时，则表示湿度过大，原料表面水分蒸发变慢，这时可将顶盖打开，使空气对流。当干湿球温差超过 12 ℃时说明进入空气过多，应将顶盖关闭。此机的优点是管理简单，只需一个小型蒸汽锅炉配合即可。在干燥过程中无须上下翻动原料,因原料自上层向下层落下时,即自然翻动,故干燥均匀。

(3)真空干燥机。真空干燥又叫减压干燥,是指对不能耐受高温或在高温条件下易于氧化分解的物料,在减压的状态进行干燥的方法。

真空干燥机包括干燥器本身、真空泵以及冷凝器等。干燥器的构造与常压干燥器相似,不同的是,在干燥器外添加了一个密封外壳,以便维持真空状态。

真空干燥机的生产能力较低,设备的安装和操作费用较高,一般用于名贵价高的原料以及一些需要将水分减到最低量而营养成分又不受破坏的食品。

(4)冷冻升华干燥设备。冷冻升华干燥是利用物质从固态直接变成气态的升华现象,将含水物料冷冻至冰点以下,水分即变为固态冰,然后在较高真空度下,将冻结的物料加热,使冰直接升华为水蒸气排出,从而达到干制目的。

冷冻升华干燥法与普通的干燥法和惯用的冷藏法相比,具有冷冻和脱水的双重优点。对热敏感性物质特别适合,能最大限度地保存食品的色、香、味及营养成分,还具有复水、食用方便的特点。是目前最好的食品干燥方法之一。但是,由于升华干燥的设备和安装费用较高,一次投资大,目前多用于名贵价高原料的处理。

(5)远红外线干燥机。远红外干燥是近年发展起来的现代干燥技术之一。它利用被加热物料吸收辐射元件发出的远红外线,直接转变为热能而使物体自身发热升温,从而达到加热干燥的目的。

远红外干燥机具有设备效率高、干燥速度快、生产费用低和能量消耗少的优点,在食品工业中应用相当广泛。由于远红外线频率高、波长短,透入食品的深度受到一定的限制,故应注意待烘食品的厚度。另外,远红外加热干燥机是电加热,为保持温度恒定,应设置稳压器。为了便于判明加热干燥状态,必须有电压表、电流表等测试设备。在干制中注意通风，以利于除去物体表面饱和蒸汽，提高加热蒸发效果。

（6）微波干燥机。微波干燥与红外线干燥同属辐射干燥。微波加热干燥是一门新技术，其装置系统由电源、微波发生器、波导管、微波加热器和冷却系统等组成。

普通干燥法，如火焰、热风、蒸气、电加热等方法，都是由被加热干燥物料表面吸收热量后，通过传导，再渗透到内部，均属于外部加热干燥法。而微波加热则是内部加热干燥法，它是由电磁波深入物体内部，引起物质分子偶极子的摆动而产生热效应，物料内外部都能大体均匀加热干燥。由于微波加热干燥时间较短，不仅能保持食物原有的色、香、味，而且维生素不易受破坏。

（二）干制方法

1. 自然晒干法

灵芝属中高温型真菌，一般在高温季节采用自然日光晒干。自然晒干法的优点是：经日光照射，有利于维生素 D 的合成，可提高灵芝的生物利用率；日光晒干不需特殊设备，方法简单，成本低廉，同时可节约能源。缺点是：日光晒干受自然气候条件的限制，不能人为控制大气因素，如果遇上阴雨大气，时间一长影响灵芝的品质，甚至会大量霉变和腐烂，造成不应有的经济损失。自然晒干法应注意以下几点。

（1）掌握灵芝的成熟度。灵芝成熟后要及时采摘，不能太迟也不能过早，一般在菌盖边缘白色生长圈消失，灵芝颜色转为褐色时采收。

（2）注意采摘方法。采摘灵芝最好用剪刀轻轻剪下，注意不要碰伤灵芝背面，也不要触伤周边的小灵芝。

（3）选择适宜晒芝的天气。晴天有利于灵芝的晒干，阴雨天气一般不宜采收，以防灵芝霉变而影响品质。

（4）选择好晒场。晒场一般要设置在向阳、交通方便的地方，要远离饲养场、厕所、垃圾站等，以保持清洁卫生，避免污染。

（5）注意勤翻动，利于晒干。晒干过程中多调边、多翻动，可使干燥均匀并缩短晒干时间。晒干越快，色泽越好，灵芝品质越高。

2. 烘烤法

烘烤法干制灵芝，是指用煤、木炭、木柴、电热、微波、远红外线等作为热源，在烤箱或烘房中将灵芝烘烤脱水达到所需的要求，它也是灵芝的主要干制方法。其优点是：干制设备简单易行，成本较低，干制速度相对日光晒干快。缺点是：烘烤的火候不易掌握，温度难以控制，容易烤焦灵芝；且工作量大，需要专人看管，不太安全。烘烤法适合于阴雨天气或冬季反季节栽培采收灵芝的干制。烘烤法干制应注意以下几点。

（1）采收时天气好，最好先晒至五六成干后再烘烤，可节约能源，也可缩短烘烤时间。

（2）烘烤前先将灵芝选好，个大、肉厚的分别装入烘箱中，且置于接近热源的地方，利于脱水均匀。

（3）烘烤前先预热烘房，排除房潮气。

（4）烘烤温度要先低后高，逐步上升，但不能超过 65 ℃，以免烤焦子实体。

（5）应装有排气扇，以免水分滞留。

（6）烘烤灵芝一般要一次完成，中间不要停火间断以免影响灵芝的商品价值。

3. 微波干燥法

微波干燥指用频率 300~3000 兆赫，波长 1 米~1 毫米的高频交流电进行脱水干燥。其优点是：加热均匀，热效率高；反应灵敏，无明火，较安全；干燥速度快，效率高；干制后灵芝色泽好，品质较高。缺点是:干燥机价格较贵,耗电较大,成本相对较高。

4. 远红外线干燥法

红外线介于可见光和微波之间,波长为 0.72~1000 微米。其穿透力强,能穿透很厚的物体,在物体内产生热效应,使其脱水,达到干燥的目的。其优点是:穿透力强,可使灵芝子实体内外层受热均匀;其热量传递由表向内,因此干燥的灵芝品质较好;干燥速度快,效率高。缺点是:设备较贵,加工生产成本高。

5. 冷冻干燥法

冷冻干燥法是目前比较先进的干燥方法,又称真空冷冻升华干燥法。其优点是:冷冻干燥能保持产品原有的形态和品质;干燥速度快,效果好。缺点是:冻干机价格贵、成本高;冻干技术难度大,难以掌握。

二、灵芝加工产品

(一)灵芝精粉

原料:灵芝精粉是加工灵芝食品和药剂常用的原材料,亦可作为粉剂、冲剂使用。

工艺流程

选料→粉碎→浸提→过滤→浓缩→干燥→包装→成品。

设备

粉碎机,夹层反应罐,真空滤膜浓缩器,喷雾干燥机。

制作步骤

(1)选料。选用无杂质、无病虫害、无霉变的干灵芝子实体作为原料。

(2)粉碎。将选好的灵芝洗净,入粉碎机中粉碎成直径 0.5 厘米左右的颗粒备用。颗粒大小要均匀适度,颗粒太大,固形物不易溶解;颗粒太小,过滤时不流畅,都会影响提取率及产品质量。

(3)浸提。采用热水提取法。方法是将粉碎后的灵芝颗粒放入夹层反应罐中,加水适量,在100 ℃下浸提2小时,然后压挤出浸液。将灵芝颗粒渣再加适量水浸提2小时,挤出浸液。如此反复浸提3次,然后合并浸提液,过滤浓缩。

(4)浓缩。将浸提滤液导入真空滤膜浓缩器中加热,将滤液浓缩至波美度10度以上备用。

(5)干燥。采用喷雾干燥法进行干燥。将浓缩液与一定比例的填充料(如面粉或玉米粉等)拌匀后,倒入喷雾干燥机中,输入95~100 ℃的热气体,喷头压力保持404千帕,排出气体的温度为(95±2)℃。在干燥过程中,由于导入喷罐中的浓缩单位、时间的流量和缸内温度成反比关系,液体流量太小,温度升高快,易使干燥物焦糊;液体流量太大,温度下降快,易使干燥物产生粘壁现象而不成粉状。因此,操作中要注意液体流量与温度的变化,并随时加以调整。

(6)包装。待干燥物稍凉后,及时用食品塑料袋等容器分装密封,置阴凉通风干燥处贮存备用或上市。

灵芝精粉以液体固形物含量在11~13波美度,色泽灰白或淡黄,无杂质,无异味,具灵芝特有气味为上品。

(二)灵芝浸膏

灵芝浸膏既是口服液药用品,也是保健滋补口服液饮品。可采用灵芝子实体或发酵产物制取。

1. 灵芝子实体浸膏

将灵芝子实体用粉碎机粉碎成0.5~1毫米的丝状体,投入不锈钢夹层锅中进行提取。灵芝与水(去离子水)的比例为1∶14,夹层通入蒸气加热至沸腾,保持2小时,放出煎液,得第1次水提液;残渣留于锅中,再加12倍量的水煮沸,保持2小时,放出煮汁;合并两次煎液，通过折叠式过滤器滤除液体中 0.1 微米以上的微粒胶体及悬浮物等杂质；浓缩至每毫升含 1 克的生药量，加入适量柠檬酸等防腐剂，搅匀装瓶，即成灵芝子实体浸膏。

2. 灵芝发酵物浸膏

将发酵浓缩液，加入等量的热蒸馏水（70 ℃），不断搅拌，加入适量苯甲酸钠或柠檬酸防腐剂，使之充分混合溶解，折叠过滤器滤除，静置 48 小时处理，将溶液减压浓缩，即成灵芝发酵物浸膏。

3. 灵芝糖浆

将灵芝热水提取液浓缩至密度 1∶1.05 左右，或将上述灵芝浸膏加适量水（加水量以糖浆含生药量来定）溶解，加糖量为 50%~60%，加热溶解后加入 0.05%尼泊金乙酯或总体积 0.2%的山梨酸钠，装瓶灭菌，密封即成。

4. 灵芝冲剂

取灵芝浸膏适量，加入糊精、糖粉拌匀，用颗粒机制成粒，在 50~60 ℃下烘干，过 12~14 目筛，装袋，每袋装 1 克。

5. 灵芝片

取灵芝浸膏（或精粉）适量，加入可溶性淀粉或其赋形物拌匀，过筛制粒，在 60 ℃下烘干，加入适量硬脂酸镁混匀，用压片机压片，每片包 1 层糖衣者为糖衣片。

6. 灵芝胶囊

取灵芝浸膏或灵芝精粉用适量的糊精等赋形剂拌匀，用制粒机制粒，每粒 0.2~0.3 克，烘干过筛，装入胶囊即成。

7. 灵芝猴头浸膏制作技术

原料

饴糖 50 千克（42 波美度），砂糖 30 千克（75%糖液），灵芝猴头汁 20 千克,柠檬酸 500 克,苯甲酸钠 100 克,琼脂 400 克。

工艺流程

原料(灵芝猴头)→切碎→熬煮取汁→混合浓缩→装瓶→成品

制作步骤

(1)选料。选择无病虫害、无腐烂变质的灵芝猴头子实体、菌柄、菇脚各一半。将选择好的原料在流水中清洗干净。

(2)切碎。用切分机或刀将原料切成 1 厘米左右的小块。

(3)取汁。为充分提取原料中的有效成分,分两次预煮取汁。第一次加入原料重量 150%的清水,以文火熬制约 30 分钟后,趁热压榨取汁;第二次再将滤渣重新入锅,加上原料重量 50%的清水,再用文火熬制 30 分钟,趁热压榨取汁。合并两次菌汁待用。

(4)混合浓缩。将提取的菌汁 20 千克,加上 42 波美度饴糖 50 千克, 75%白砂糖液 30 千克,倒入夹层锅搅拌混合,加入已溶解的柠檬酸、苯甲酸钠、琼脂,继续浓缩至 40 波美度,即可出锅。

质量标准

(1)感官指标。色泽:深褐,瓶中色泽一致。气味:具有饴糖、猴头所特有的鲜美香气,酸甜适口,无异味。

(2)理化指标。浓度:在 20 ℃时,不低于 40 波美度, pH 值为 3.4~4。

(三)灵芝保健食品

1. 灵芝菌丝粉

工艺流程

液体菌种制备 ↓(接种)

原料清洗→处理→配料→装袋→灭菌→冷却→接种→菌丝培养→烘干→粉碎→调料→膨化→粉碎→包装

灵芝菌袋培养基的制备

培养基制备主要是将玉米、小麦等原材料加工后装袋灭菌，成为培养基。

（1）培养基材料的选择：主料为玉米、小麦或混合培养基。营养丰富，淀粉含量高，颗粒较大，透气性好，发菌快。通过比较，玉米培养基6天菌丝就可发满袋，小麦要10天。由于小麦颗粒较小，两种原料混合效果更好。

（2）培养料配方：①玉米98%，石膏1%，其他辅料1%；②小麦98%，石膏1%；其他辅料1%；③玉米49%，小麦49%，石膏1%，其他辅料1%。经分析比较，以配方③为好。发菌速度适中，符合灵芝菌丝粉的配比和调味。

（3）备料与装袋：玉米等原料经过蒸煮熟而不烂即可。经过冷却后加入石膏等辅助原料，即可装袋。用17 cm × 33 cm × 0.05 cm的聚丙烯袋，每袋装干料400克重。套上颈圈，塞上棉花，即成。

（4）培养基灭菌与冷却：以玉米或小麦为原料的培养基要经高压灭菌，常压不易灭菌彻底。一般0.15兆帕的压力下，3小时即可。经快速冷却后就可接种。

灵芝菌丝体接种与培养

方法同其他食用菌基本一致，此处不再赘述。

灵芝菌丝粉加工技术

（1）烘干技术。在烘干方面，生产者与常州市科宇干燥设备有限公司协作，使传统的烘房改革为CT-C型系列热风循环烘箱，配用低噪声、耐高温轴流风机和自动控温系统，整个循环系统全封闭，使烘箱的热效率从传统的烘房3%~7%提高到35%~45%，最高可达50%。CT-C型热风循环烘箱采用电加热和气加热两种功能。烘干采用了两门、四车、九十六托盘分层烘干，自动控温由原基础30千瓦一组控制，改为五组多控电加热烘干。又对烘干盘进行了改进，托盘长65厘米，宽45厘米，在底面上打2.5厘米的小孔4500个，提高通风量，循环热空气增加物料间热气效应,大大缩短了烘干时间。通过这两次的改进,使烘干每阶段的温度控制得心应手,提高了烘干质量,节约了用电量,给后续工段操作方便提供了有力保证,烘干后的产品色泽、口感达到理想的效果。烘干原料是以玉米、小麦、大豆作为培养基培育灵芝菌丝,含水量为25%~50%,采取此烘干工艺后,缩短了烘干时间,提高了产品质量,实现了一条龙工厂化生产流水线作业。

(2)膨化技术。膨化工段是整个产品质量保证的一个主要环节,温度是关键,温度低影响口感和色泽,温度高损失和降低灵芝菌丝的多糖含量及稀有元素的含量。经过多年的经验总结,温度控制在120 ± 2 ℃,为最佳操作温度。烟台龙宇灵芝生物开发有限公司采用北京金地中美合资生产的膨化机,它采用不锈钢材质, 并用调速电机, 因而使操作性能大大提高, 温度可在转速的高低调节之下控制所需温度, 保证了色泽、口感及产品质量。生产者将不同的培养基的烘干菌丝配比,粗粉为3~4毫米,配水到一定含水量进行膨化,将膨化后合格物料进行细粉。

(3)粉碎调味技术。将膨化后的物料进行超微粉碎,细度达到150~200目。烟台龙宇灵芝生物开发有限公司采用常州市科宇干燥设备有限公司生产的超微粉碎机,该设备采用由主机、辅机、电控箱三部分组成,流程采用风选式负压操作,细度均匀,性能稳定,环境无污染,生产连续。将粉碎后的合格产品送到三维运动混合机进行调味,装料的筒体在主动轴的带动下,做周而复始的平移、转动和翻滚等复合运动,促使物料沿着筒体做三向复合运动,从而实现物料的互相流动、扩散、积聚,以达到均匀。

(4)装粉技术。将调好味达到细度的淡黄色粉剂进行包装,每袋10克。烟台龙宇灵芝生物开发有限公司采用北京“华阳”牌ZKB-180 F粉剂自动包装机,它的特点是:智能电脑控制,装袋精度高,可采用人工设定袋长或自动跟踪色标控制。卡袋、色标丢失或印刷有误时自动报警停机,停机时热风体总是处于张开位置,避免损坏包装及物料，停机时自动保存计数。自动完成包袋、计量、充填、封合、打印批号、切断及计数等功能。具有保证产品计量准确，连续生产，包装整齐等优点。

2. 灵芝酥糖

原料

灵芝提取物 0.1 千克，富强面粉 28 千克，黑芝麻 30 千克，白砂糖 45 千克，饴糖 14 千克。

制作步骤

（1）将芝麻炒热，白砂糖粉碎成糖粉，面粉炒热与芝麻混合拌匀，然后将灵芝提取物与白糖粉、芝麻面粉混合，即酥糖粉。

（2）将饴糖放入锅内，熬成半液体状，冷却后用手搓成团备用。

（3）将熬制的饴糖 1 千克左右沾上酥糖粉，用擀面杖在案板上擀成长 7 厘米、宽 3 厘米的薄片，撒上酥糖粉，用手折压。折压 1 次，撒上一些酥糖粉，如此反复折叠、折压 4~5 次即为半成品。然后切成 3 厘米大小的方块，用玻璃纸包装即成。

3. 灵芝延寿糕

原料

灵芝提取液、面粉鸡蛋、糖、人豆蛋白质、香兰素、碳酸氢氨等。

制作步骤

（1）先将鸡蛋糖、灵芝提取液等原料倒入打蛋机中搅拌 7~8 分钟（灵芝液先用油拌匀），使糖、蛋等混合液成为泡沫状，使体积膨胀增加 1.5 倍为宜。

（2）放入大豆蛋白粉轻轻搅拌，使之混合，防止蛋白粉溅出，然后加入碳酸氢氨、香兰素快速搅拌 3~4 分钟，转速 250~340 转/分。

（3）再加入面粉搅拌 10~20 分钟后，倒入模具，烘烤 20~30 分钟，温度控制在 180 ℃左右。

（4）从炉中取出，使之自然冷却，包装即成。

4. 灵芝膨化玉米面包

原料

赤灵芝提取液 20 千克，膨化玉米粉 2.5 千克，小麦粉 35 千克，食盐 0.75 千克，鲜酵母 0.09 千克，白砂糖 1.5 千克。

工艺流程

原料混合→第一次调制面团→第一次发酵→第二次调制面团→第二次发酵→切块搓圆→醒发→烘烤→刷面油→成品。

制作步骤

（1）活化酵母。将鲜酵母加入 25~35 ℃ 的温水中溶化，静置 20~30 分钟促其活化，然后再放入面粉使用。

（2）调制面团与发酵。第一次调制面团只加入小麦粉，用量为面粉总量的 70%、全部酵母和适量赤灵芝提取液，面团调制时间为 40~50 分钟，温度为 26~28 ℃，使面团的面筋充分形成，软硬适中时停止。第二次调制面团时，将剩余的小麦粉、赤灵芝提取液和全部的膨化玉米粉及白糖、食盐入，混合均匀，调至面团软硬适中即可。发酵温度在 26~28 ℃，时间 3~4 小时。发酵成熟的标准是面团中部出现松散塌陷，面团带有醇香气味。

（3）醒发与烘烤。醒发室温度控制在 30~35 ℃，相对湿度 85%~90%，醒至面包坯体积达面包最大体积 65%~70%为适，醒发过度易使面包表皮开裂。经醒发的面包坯应立即入炉烘烤，烘烤的温度可控制为前期低（150 ℃）、中期高（220 ℃）、后期低（160 ℃），烘烤的时间可根据面包坯适当延长。也可在面包坯表面涂一层糖面糊后再入炉烘烤，面包出炉后可趁热在其表皮刷一层面油，以增加美观和起到保持水分、延长货架寿命的作用。

质量标准

色泽棕黄，松软可口，富有弹性，带有赤灵芝特有的苦香味。无致病菌等微生物，符合食品卫生要求。

5. 灵芝枣

据雷萍等(2003)研制报道灵芝枣的制作方法介绍如下。

原料

①灵芝,人工仿野生栽培的灵芝;②马牙枣,无虫咬,无杂质,外形完整,大小均匀,无霉变;③中药材,黄芪,枸杞,熟地,全当归等;④优质冰糖,大结晶块冰糖,结晶块越大越好;⑤优质黄酒,浙江绍兴黄酒;⑥普通白酒;⑦环糊精。

工艺流程

灵芝→ 切片(粉碎)→浸泡→过滤→灵芝浸泡液
中药材→ 切片(粉碎)→浸泡→过滤→中药材浸泡液
冰糖
黄酒
→
混合→煮沸→过滤
马芽枣→洗净→沥干
→ 装瓶→灭菌→贮存处理→检验→成品

制作步骤

(1)灵芝浸泡液的提取。选择菌盖色泽红、膜质草化的灵芝为原料,剪去菌柄,放入清水中用毛刷刷去附着物,用清水漂洗干净后置通风处,晾干或鼓风吹干表面水分,然后用药材切碎机切碎,或在药材市场购买干灵芝,在组织粉碎机上粉碎。将切(粉)碎的灵芝按1∶10比例加入50%(体积分数)白酒,同时,加入0.1% β-糊精,可掩饰灵芝的苦味,浸泡6~10天,用四层纱布过滤得到棕红色浸泡液。

(2)中药材浸泡液的提取。称取所需中药材,进行混合粉碎(枸杞除外),按1∶10比例加入50%(体积分数)白酒,浸泡6~10天,用四层纱布过滤得中药材浸泡液。

（3）马牙枣用浸泡液的制备。以1000升浸泡液为调配基准：灵芝浸泡液300升，山梨酸钾50千克混合搅拌均匀，加热，使冰糖快速溶化，待冰糖彻底溶化，用四层纱布过滤，得马牙枣浸泡液。

（4）装瓶。

净重。净重分250克、425克和800克三种，每瓶允许正负公差3%，但每批平均不低于净重。

固形物。净重250克的，固形物为175克；净重425克的，固形物为270克；净重800克的，固形物为500克。

（5）排气和密封。用真空度53.5千帕真空封罐机密封。密封后罐内有25.7~33.4千帕的真空度。也可在90 ℃排气箱中保持10~15分钟，当罐中心温度达70 ℃以上时迅速密封。

（6）灭菌、冷却。密封后立即灭菌，灭菌公式5~15分钟/100 ℃，分段冷却至37 ℃左右，擦掉表面水分后，入库。按2%取样，将样品放入38 ℃恒温箱内恒温48小时，无污染即可出厂。

产品标准

（1）感官指标。①色泽：汤汁呈现深枣红色或棕红色，透明有光泽；枣果呈现深枣红色；②口感和气味：具有该产品应有的滋味和气味；酒香、药香、枣香协调，芳香纯正，汤汁绵味爽口，枣果香甜醇厚；③组织形态：果形完整，大小基本一致，软硬适度，无斑点。

（2）理化指标。汤汁浓度，$15° \pm 1°$（20 ℃，体积分数）；糖度，70（克/升）；灵芝多糖，0.5~1.2克/升；总酸，以乙酸计0.5~1.0克/升；铅$\leqslant$ 0.4毫克/升；铜$\leqslant$ 0.5毫克/升；固形物不低于净重50%；食品添加剂，符合国家标准。

（3）微生物指标。菌落总数，4个/毫升；大肠菌群，30个/100毫升；致病菌，不得检出。

注意事项

（1）环糊精β-糊精添加量的确定。灵芝含有三萜类物质，味道很苦,不为人们所接受。β -糊精可以掩饰灵芝的苦味,其添加量为0.1%。同时,甜味剂全部采用大块结晶冰糖,基本也可达到无明显苦涩味的效果。

(2)中药材浸泡液制作工艺中,中药材配比为枸杞 60 克 ,黄芪120 克,熟地 75 克 ,麦冬 30 克 ,五味子 30 克 ,全当归 75 克,甘草 30 克,茯苓 30 克,淫羊藿 30 克,肉苁蓉 15 克。

(四)灵芝酒

1. 灵芝酒

原料

灵芝,50 度白酒。

制作步骤

取优质灵芝子实体洗净,切碎,再取相当灵芝 10 倍量的 50 度白酒,将灵芝直接加入酒中浸泡 ,每次浸泡不少于 15 天, 当酒液呈棕红色,即可结束浸泡,压榨取汁,将液过滤后静置 3 天, 然后取上清液分装密封贮存或出售。 居民家庭中也可按比例将灵芝加入酒中浸泡半个月后直接取上清液随时饮用。

2. 花粉灵芝蜜酒

花粉灵芝蜜酒是以花粉(蜜蜂花粉或人工采集花粉)、蜂蜜、南刺五加、无柄灵芝(树舌)为原料,经陈酿而成的低度营养酒。

生产花粉灵芝蜜酒的设备比较简单,一般乡镇企业、专业户均可建厂生产。对厂房无特殊要求,但必须符合饮料生产的卫生许可条件。可根据需要将厂房分隔为药曲培养室、花粉处理室、磨浆室、蜜酒加工室、陈酿室洗涤灌浆室、贮存室。基本设备包括小口陶瓷酒缸(容量 200 千克)净水器、酒泵过滤器(JPD2.250 型硅藻过滤器)配料桶(不锈钢、1 立方米)、搅拌器、曲盘、DJ38 型紫外线饮料用消毒器装瓶机、磨浆机及高压灭菌锅等。

工艺流程

（1）制药曲

南刺五加、无柄灵芝、水→煎汁、滤渣→冷却 ┐

药曲→粉碎 ┘→大米粉→

拌匀→摊平→培养（25~30 ℃，48 小时）

（2）花粉处理（酶解）

南刺五加、无柄灵芝、水→煎汁、滤渣 ┐

药曲 ┘→浸泡→过滤→药曲水

花粉→水湿润→拌药曲水→摊盘→酶解处理（30~38 ℃，48~72 小时）→挤压花粉→兑酒→提取→灭活→上清液→冷藏

（3）花粉蜜酒酿制

蜂蜜→加水→稀释蜂蜜 ┐

药曲 ┘→发酵→检验→分离→上清液→勾兑→（花粉精↓；蜂蜜↑）

分离→沉渣→蒸馏→蜂蜜白兰地（↑勾兑）

陈酿→过滤→灭菌→装瓶→包装

制作步骤

（1）制药曲（以生产 50 千克蜜酒计，下同）。南刺五加 2 克，无柄灵芝 2 克，加水 25 毫升，煎汁，滤去残渣，冷却备用。取酒曲 20 克，粉碎，拌入 200 克大米粉（麦粉、玉米粉亦可）内，充分混匀，将已经冷却的药物提取液倒入米粉内，拌匀，摊入曲盘内，在 25~30 ℃培养 48 小时，至有酒香透出为止，得药曲 200 克。

（2）花粉处理（酶解）。取南刺五加 2 克，无柄灵芝 2 克，加水 750 毫升，煎汁，滤去残渣，取滤液，冷却后加入已培养好的 200 克药曲，浸泡 10 分钟，滤出药曲浸出液备用。取花粉 2 千克，先用少量无菌水浸泡，搅动，使花粉球散开，然后，加入药曲浸出液，摊入曲盘内，厚度不超过 6 厘米，在 30~38 ℃下培养，进行酶解处理，经 48~72 小时，达到花粉破壁、脱敏、消毒、除苦的目的。然后挤压花粉，使内容物脱出。再将研磨的花粉浸泡在 50 度白酒中。每千克花粉用白酒 6 千克，并迅速加 100 ℃热水 2 千克，随即高速搅拌，提取花粉精。24 小时后，取出上清液，即得花粉精。

（3）花粉蜜酒酿制。取 38 波美度蜂蜜 17 千克加水稀释至 24 波美度后，再加上酿蜜酒用的药曲 5%，搅拌均匀，装入小口酒坛内，以石蜡封口，在 20~25 ℃条件下进行发酵。

（4）抽样检查。发酵液的糖度与酒度，合适后进行分离，上清液留存待用，其沉淀物经蒸馏得蜂蜜白兰地。为使蜜酒保持一定的色、香、味，应将上清液再装入小口酒坛中，以石蜡封口进行陈酿，然后用硅藻土过滤器进行过滤，经灭菌处理后，在室温下存放 2 天，即可装入经灭菌处理的瓶中，进行分装，花粉、灵芝蜜酒应放在 5~10 ℃低温下贮存。

3. 灵芝黄芪酒

灵芝黄芪酒是以灵芝、黄芪、党参、白术为原料，以大曲酒为酒基的保健饮料。

工艺流程

原料→加工→浸泡→过滤 ┐
　　　　　　　　　　　　├→调配→杀菌→
无菌水→加糖→加温净化→加酸→冷却过滤 ┘

冷却→过滤→装瓶→杀菌→冷却→包装→入库

酒基选择和原料处理酒基的选择，关系到成品的风味。以大曲酒为酒基，成品酒香纯正，药香自然、协调，口味爽净，余香悠长。

原料

大曲酒 100 千克，灵芝 2 千克，黄芪 2 千克，党参 1.6 千克，白术 1 千克。

制作步骤

将药材洗净晒干后切片，用纱布袋包好，在白酒中浸泡 20~30 天，经棉饼过滤机过滤即得。调配酒糖、水处理灵芝、黄芪酒要求糖度比较高，处理不好不但影响过滤，而且对酒的透明度和质量稳定性都有直接影响。采用间接加温，恒温净化 30 分钟，然后进行多层棉纱过滤，除去各种混杂物迅速冷却至 35 ℃左右，进行调配。这样既能解决过滤速度问题，又能保证产品质量。

对水质的要求，可通过离子交换树脂处理，并经紫外线灭菌即可。

进行调配时，总的要求是：酒度不宜太高，既突出酒香，又不掩盖药香既要酒品的药理保健作用，又不能使药味太浓；还要保持酒质的稳定。其基本做法是：对灵芝、黄芪酒的酒度、糖度、酸度、药剂量及色泽采取由低到高的原则进行勾兑。在色泽上保持药物浸泡液的原色，并根据浓度适当加重色量，使味感、色感协调一致。

为保证酒品的稳定性和感官质量，要经过两次灭菌。即调配后，用不锈钢夹层锅间接加热灭菌；装瓶后再经过蒸汽杀菌槽加热灭菌，使酒体外观澄清透明。经两次灭菌后，可提高酒品的稳定性，在 28 ℃条件下，存放 8 个月，酒体仍澄清透明。灭菌后，开盖一个月后也不会变质。

产品标准

（1）感官指标。①色泽，澄清透明，呈橘黄色，无悬浮物，无沉淀；②香气，酒香纯正，药香适中，和谐完美；③味道，醇香柔和，酸甜可口，无异味。

（2）理化指标。①酒精度：20 度；②糖分（容量）：20 克/100 毫升；③总酸（按乙酸计）：0.3 克/100 毫升。

该酒可诱发人体产生干扰素，对慢性气管炎、慢性胃炎、神经衰弱等多种病均有疗效。

4. 灵芝虫草酒

原料

灵芝、冬虫夏草、桂圆、枸杞子、公丁香、肉豆蔻、优质蜂蜜（紫云蜜、荆条蜜等，浓度 72%以上）、清香型白酒、山葡萄汁、红葡萄汁、桑葚汁、无菌软化水等。

工艺流程

灵芝→切片→粉碎→浸泡→过滤→灵芝浸泡液
冬虫夏草→切片→粉碎→浸泡→过滤→冬虫夏草浸泡液
桂圆、枸杞子→切片→粉碎→浸泡→过滤→药材浸泡液　→混合→调配
公丁香、肉蔻→切片→粉碎→浸泡→蒸馏→香味液
蜂蜜→化蜜→果胶酶处理→过滤→蜜液→

澄清→过滤→贮存→冷冻→过滤→检验→成品

制作步骤

（1）灵芝浸泡液提取。选择菌盖色泽红、膜质革化的富锗紫芝为原料，剪去菌柄，放入清水中用毛刷刷掉附着物，用清水漂洗干净后置于通风处晾干或鼓风吹干表面水分，然后用药材切碎机切碎后的灵芝与酒按 1∶10 加入 50 度清香型基酒浸泡 40~50 天，用双层纱布过滤，得棕红色灵芝浸泡液。

（2）灵芝浸膏制备。将灵芝浸泡液减压浓缩至 100%，得灵芝浸膏备用。

（3）冬虫夏草浸泡液提取。将冬虫夏草捣碎，装入酒瓶，以 1∶10 比例加入 50 度清香型白酒，加盖密封，经常摇动，浸泡 40~50 天，用双层纱布过滤，得金黄色冬虫夏草浸泡液。

（4）桂圆、枸杞子及其他药材用药材磨碎机切碎，按 1∶5 比例加入 50 度清香型基酒浸泡 40~50 天，用纱布过滤，得药材浸泡液。

（5）香味液制备。将公丁香、肉豆蔻等捣碎，先用 50 度清香型白酒浸泡 40~50 天，然后蒸馏，得药材香味液。

（6）蜜液制备。选择浓度 72%以上的优质蜂蜜做甜味剂，因蜂蜜不仅香味浓郁，而且具很高的营养与保健作用，并能调和百药。化蜜时，先用水 1∶1 稀释，再加果胶酶处理 24 小时，过滤得澄清蜜液。

（7）选基酒。选用清香型的酒作为基酒。调配用的基酒，必须无色、清亮、透明、清香纯正（不宜用浓香、酱香及其他异香型酒），口感柔和、绵甜爽净，具清、爽、绵、甜、净的典型风味。

（8）调配。以 1000 升成品酒为调配基准，加富锗灵芝浸泡液 150 升、灵芝浸膏 5 升、冬虫夏草浸泡液 5 升、药材浸泡液 60 升、香味液 30 升、山葡萄酒汁 50 升、红葡萄汁 80 升、桑葚汁 30 升、蜜液 210 升、白酒 255 升、无菌软化水 125 升。

（9）包装。将调配的酒体搅拌均匀，均质过滤，装瓶密封，即为成品。

质量标准

（1）感官指标。①色泽，宝石红色，澄清透明，有光泽；②香味与滋味，酒香、药香、蜜香协调，芳香纯正；③酒体完整，绵甜爽口，回味悠久。具有灵芝酒风味。

（2）理化指标。①酒度（20 ℃，体积百分数），30 ± 1；②糖度，（80 ± 10）克 /升；③总酸（以乙酸计），3~4 克/升；④灵芝锗，50~100 毫克/升；⑤灵芝多糖，0.5~1.2 克 /升。

（3）微生物指标。①细菌总数≤5 个/毫升；②大肠菌群≤3 个/100 毫升；③致病菌不得检出。

5. 灵芝玉液酒

据陈启武等（1996）研制并报道，一种灵芝玉液酒的制法如下。

原料

①酒基,为川北传统曲酒"虎跳酒",酒度63°;②辅料,红灵芝或韩国灵芝干品、宁夏枸杞子、当地市购天麻、大枣;③调味剂,冰糖调味剂、猪油调味剂、多功能调味剂、香气调味剂、酸度调味剂、尾酒等。

工艺流程

灵芝干品→分选→清洗→切片→浸渍→过滤→浸出液
枸杞子、大枣→分选→清洗→浸渍→过滤→浸出液
酒基63°→降度至50°　　　　→调配→
天麻→分选→清洗→浸渍→过滤→浸出液
调味剂制作→成熟

陈酿→过滤→包装→成品

制作步骤

(1)选料及处理。为保证成品酒产品质量优良,必须对所有待加工原材料进行严格筛选,确保优质。使用前用1克/升的高锰酸钾液浸泡30分钟,再以清水漂洗至滤液无色,沥干备用。

(2)浸渍。将以上原料按设计配方分别放入盛有经降度至50°的酒基缸中浸泡45~60天,缸口密封。不定期用干净木棒搅拌均匀。

(3)过滤调配。将以上各类浸渍好的半成品酒,从酒缸用酒泵泵入干净酒缸中。泵头用干净滤纱包好,以免滤渣吸出。用蒸馏法测其酒度。如酒度达不到要求标准,应选用相应的酒基调整至合适为止。另取预先调制的成品酒按体积比1%~5%的比例调入待勾兑的半成品酒中,以增加其风味。用糖度计和酸度计测定半成品酒的糖度和酸度,并调整至所需标准。

(4)调味、调香。根据初调酒的口感、味感、香气等感官特点,顺序加入猪油调味剂,用量0.04%(重量比。下同);食用级丙三醇

0.05%~0.08%；食用精盐、味精，用量 0.01%以内；甜味剂 0.01%；去苦味剂 0.001%；酸味剂 0.01%；乙酸 乙酯、乳酸乙酯，微量；苹果、葡萄、梨子等白酒浸汁 0.01%；名优果酒极微量等。边加入边充分搅拌至口感醇和为止。

（5）陈酿。勾兑调制后半成品酒至少陈酿 20~30 天，使其香味优雅，柔和醇正。

（6）过滤。用超微孔过滤机，将陈酿老熟的酒成品过滤 1~2 次，要求酒液清澈透明，无悬浮，无杂质。如过滤后酒质变化大，应重新微调一次。

（7）包装、入库检验即为成品。

质量标准

（1）感官指标。酒色呈金黄略红，清澈透明，果香与酒质柔和优雅，风味协调醇厚、绵甜丰满、酸甜适宜，回香悠长，风味典型明确。

（2）理化指标。经广质检验（食）字（1995）第 1080187 号检验报告为：酒精度：35°±1°；总糖（以蔗糖计）：25~30 克/升；总酸（以乙酸计）：2.27 克/升；总酯（以乙酸乙酯计）：1.39 克/升；固形物：0.60 克/升；甲醇：0.01 克/升；杂醇油：0.05 克/升。产品按 GB Ⅱ859.3-89 检验，该产品所测指标符合标准要求。

（3）卫生学评价。该产品经检验所检指标，完全符合 GB 2757-81《配制酒卫生标准》。其中氰化物<2 毫克/升；锰 1.3 毫克/升；铅 1.3 毫克/升；产品合格。

6. 灵芝米酒

工艺流程

上等糯米→淘洗→浸米→蒸饭→冷却→拌酒曲、加灵芝发酵液→发酵过滤→装瓶→杀菌→成品

制作步骤

糯米 215 千克，洗净，于清水中浸泡 2 天，然后置于蒸笼中蒸 30

分钟，要求米饭外硬内软，无生心（若蒸煮时间短，蒸不熟，内有生淀粉，糖化不完全，发酵后期易酸败；若蒸煮时间过长，米蒸得过烂，易黏结成团，降低酒质）。米蒸熟后冷却至30~35 ℃。然后加酒曲（自制Ⅰ号湿酒曲50克，市售干品酒曲6克）和灵芝发酵液100毫升，在26~27 ℃下发酵1周后，过滤，即为灵芝米酒。将灵芝米酒装入洗净的玻璃瓶中，用封口机封口。采用巴氏消毒法杀菌，温度为80~85 ℃，维持20~30分钟。

加入糯米重量10%的灵芝发酵液与酒曲（自制Ⅰ号酒曲）共同发酵，较单独用酒曲发酵，能显著提高米酒的质量（表5-1）。由表1可计算出，加灵芝的处理较未加灵芝的处理氨基酸总量提高50.0%，人体必需氨基酸含量提高18.4%，灵芝米酒中糖、酒的含量分别提高106.9%和52.17%，酸度降低了22.47 %。

表5-1 灵芝米酒中的氨基酸、糖、酒、酸含量分析 （毫克/升）

处理	加灵芝	CK
天冬氨酸	140	80
丝氨酸	80	40
苏氨酸	120	80
谷氨酸	240	130
甘氨酸	70	40
丙氨酸	180	140
胱氨酸	40	30
缬氨酸	160	140
蛋氨酸	70	70
异亮氨酸	60	60
亮氨酸	200	180
酪氨酸	240	200
苯丙氨酸	200	170

（待续）

续表

处理	加灵芝	CK
赖氨酸	90	60
组氨酸	30	10
精氨酸	240	微量
脯氨酸	90	70
色氨酸	0	0
必需氨基酸	900	760
总氨基酸	2250	1500
糖(%)	8.9	4.3
酒精(%)	3.5	2.3
总酸/(克/升)	0.89	1.09

质量标准

(1)感观指标。取30毫升样品,倒入50毫升清洁干燥无色的玻璃烧杯中观察,灵芝米酒呈金黄色,晶莹透亮,无悬浮物,无沉淀,品尝具有浓郁纯正的菇香、米香、蜜香和酒香味,甜酸适度,口味醇厚,具有灵芝特有的爽苦风味,余味悠长。

(2)微生物检验。于产品制成及保存1年后进行微生物检验,均未查出细菌及致病菌。

7. 发酵型灵芝枸杞西红柿酒

工艺流程

西红柿→挑选清洗→榨汁→调配(15%灵芝菌丝浸提液+85%西红柿汁+3%的枸杞子)→胶体磨磨浆→调配(加糖至22%)→发酵罐酒精发酵(接入3%的酵母粉)→过滤除渣→调配→装桶陈酿→沉淀澄清换桶→装瓶封盖→巴氏杀菌→成品入库

制作步骤

(1)原料西红柿要求新鲜成熟,经过挑选清洗后用榨汁机榨汁。

（2）15%的灵芝菌丝浸提液、85%的西红柿汁进行混合，按混合液的 3%加入枸杞（已用 70 ℃ 的温水泡软，连同浸泡水一起），进入胶体磨磨浆。

（3）进入调配罐调配，加蔗糖至含糖 22%，用柠檬酸调 pH 值至 4.5，打入 3 吨发酵罐，并接入 3%的酒精酵母粉，加入西红柿榨汁后的皮渣进行酒精发酵，罐温控制在 25 ℃，调节排气阀流量，使罐压控制在 0.05 兆帕。

（4）当达到所要求的酒精度时终止发酵，放出发酵液，进入板框压滤机过滤除渣。

（5）加入 0.15% 抗坏血酸，装桶陈酿。中间需要换桶进行沉淀澄清，整个陈酿最好在 4~10 ℃ 低温下进行，陈酿时间在 6 个月以上。

质量标准

（1）感官指标。①颜色：橙黄色，清澈透明；②风味：具有枸杞和番茄和谐的香味、醇和、浓郁。

（2）理化指标。酒精度 10%~12%（V/ V），滴定酸 6.0 克/ 升，含糖量：（干型≤ 1. 0%，甜型 12%），灵芝多糖 1333 毫克/升，枸杞多糖 265 毫克/升。

（3）卫生指标。致病菌未检出，卫生指标完全符合 GB-2758-87 要求。

（五）灵芝茶

1. 灵芝速溶茶

原料

灵芝子实体或菌丝体，糊精，白糖，碳酸铵，柠檬酸，速溶糖，阿拉伯树胶，桂皮油，柠檬油。

制作步骤

灵芝速溶茶是用灵芝子实体或菌丝体提取液与速溶糖及其他配

料混合制作的保健饮料。用猴头、香菇、云芝或茯苓代替灵芝用同样方法亦可生产保健饮料。

（1）灵芝提取物的制备。可用于实体或菌丝体制备。

方法1：用子实体制备。①将灵芝子实体洗净、晒干、切成薄片，然后粉碎成0.1~0.3厘米的颗粒备用；②量取1升自来水，缓慢加入糊精80克，并不断搅拌，做成悬浮液；③在70~80 ℃下进行加热，使糊精完全溶解；④待温度降为35~40 ℃时，加入65克干灵芝粉，在35~40 ℃下水浴上保持6~12小时，提取灵芝有效成分；⑤用板框压滤，除去残渣，在50~60 ℃下进行喷雾干燥。

方法2：用菌丝体制备。①以玉米芯或甘蔗渣甜菜渣为基本培养料，加入15%的米糠或麸子，灭菌后接种灵芝（或猴头、云芝）菌种；②在适宜的温度下进行培养，菌丝长满瓶后，继续培养10~15天，将菌丝体取出晒干，或直接用热水进行提取；③滤取菌丝提取液，加入5%的糊精（用冷水调成稀释液后加入），在不锈钢夹层锅中进行浓缩然后进行喷雾干燥。

（2）粉状焦糖的制备。①将950克白糖加热到180~200 ℃连续搅动，使其呈黄白色，冷却到120 ℃，加入0.5克碳酸铵，这时出现许多泡沫；②当泡沫消失后，加入白糖50克，再加适量柠檬酸进行搅拌，混合物再次起泡；③将混合物搅拌均匀，在半真空的器具内于120 ℃时加热20分钟，然后冷却，即成粉状焦糖；④灵芝提取物200克，用80目筛过滤，在停止加热10分钟前投入。

（3）配制速溶茶。用含有灵芝提取物的粉状焦糖30克，速溶糖70克，阿拉伯树胶0.1克，桂皮油1微升，柠檬油100微升，这些物质充分混合后成为粉状酱色复合物，用真空袋真空密封。

2. 灵芝保健茶

灵芝保健茶加工工艺简单易行，主要包括灵芝切片、浸提、过滤、浓缩、喷雾配制（茶叶先复火）和烘干工序。

（1）灵芝切片。从综合效益和中、低档茶利用方面考虑，选用中低档无劣变的灵芝作为原料较理想。灵芝用清水洗净后，切成约5毫米大小的细片备用。

（2）浸提、过滤。把备好的灵芝细片按100克灵芝加水1000毫升的比例，置于80 ℃水浴锅中浸提2次，第1次浸提1小时，用滤纸或棉纱于漏斗上过滤，滤渣再进行第2次浸提，时间3小时，然后再过滤，两次滤液合并为灵芝水浸提液。

（3）浓缩。把灵芝茶浸提液置于旋转式抽真空干燥器中，用50~60 ℃水浴浓缩至100毫升，冷却后作为灵芝茶配制剂。

（4）茶叶复火。在灵芝茶配制前，先把茶坯用100 ℃温度烘干，这样才能把灵芝浸提液充分吸附在茶条内外，尽可能保持原茶叶耐冲泡的特点。复火后茶坯含水率控制在5%以下。

（5）喷雾配制。

配制比例。灵芝与茶按1∶5的比例配制保健茶较适宜。若灵芝比例过大，虽然灵芝的风味较浓，但味偏苦，口感差；若灵芝比例过小，又失去灵芝风味，降低保健茶效果。原则上各类茶均可配制灵芝茶，但以绿茶、乌龙茶较多，尤以乌龙茶配制灵芝茶品质最佳，因为乌龙茶醇的滋味和香气可掩盖部分灵芝苦味。另外，想去除灵芝保健茶中灵芝的苦味，可配加一些甘草，也可在冲泡时添加白糖等。

喷雾混合。用喷筒把灵芝浸提液按比例分两次均匀喷到茶叶上，即按100毫升灵芝浓缩液喷茶坯500克，每次50毫升。第1次喷后，待茶叶充分吸收后再喷第2次。

（6）烘干。这是最后一道工序，把吸附了灵芝浸提液的茶坯，在90~100 ℃条件下烘干，烘至含水率5%，经包装后即为成品灵芝保健茶。

3. 灵芝甘草茶

原料

灵芝、甘草、茶叶、鱼腥草、大枣、蜂蜜、蛋白、柠檬酸、稳定剂等。

工艺流程

甘草、茶叶、鱼腥草→提取→净化 ┐
灵芝→处理→提取→净化→浓缩 ├→ 配料→过滤→均质→
大枣→处理→打浆 ┘

脱气→冷却杀菌→灌装→封口→检验→贴标→包装

制作步骤

(1)灵芝液的提取。将干灵芝除去虫蛀、霉变品，剪去柄部带基质部分，粉碎至 10 目粒，用 35~60 ℃ 的热水适量浸泡 48 小时，加水稀释搅拌，再浸泡 10 小时，过滤取汁；灵芝残渣再如此重复提取一次，将两次提取液混合后离心分离，得纯灵芝液，经真空浓缩后贮藏备用。

(2)将甘草、茶叶、鱼腥草按一定比例放入一定量的水中加热煮沸，保持 30 分钟，再浸泡 1 小时，过滤取液。

(3)将大枣煮沸软化后分离去核，放入打浆机经双道打浆，将皮与果肉分离。

(4)配料。将三部分原料混合，加入蜂蜜、蛋白质、柠檬酸及稳定剂等辅料，用软化水定容至所需容量，搅拌均匀。

(5)过滤。用不锈钢丝网将上述混合料滤去杂质。

(6)均质。将滤液用均质机进行均质，均质压力在 15 兆帕以上。

(7)脱气。采用真空脱气法除去料液中的空气，以防氧化变质。

(8)杀菌、冷却。在 100 ℃ 下杀菌 30 分钟，迅速冷却至 35 ℃以下。

(9)灌装、封口。杀菌后的料液迅速装入洗净灭菌的瓶内，迅速封口即为成品。

质量标准

(1)感官指标。色泽红褐，果肉分布均匀，无沉淀现象；无肉眼可见的杂质；具有该产品特有的香气，微苦，酸甜适口。

（2）理化指标。可溶性固形物（20 ℃以折射率计）≥ 12%；总酸（以柠檬酸计）≥ 0.1%；氨基态氮≥80 毫升/千克；有机锗≥0.12 毫克/千克；灵芝多糖≥2 毫克/千克；砷（以 As 计）<0.5 毫克/千克，铅（以 Pb 计）<1.0 毫克/千克，铜（以 Cu 计）<10.0 毫克/千克。

（3）微生物指标。细菌总数<100 个/毫升，大肠菌群<6 个/100 毫升，致病菌不得检出。

（六）灵芝保健饮料

1. 灵芝清凉饮料

原料

鲜灵芝 10 千克、葡萄糖（或砂糖）、蜂蜜、柠檬酸、苹果酸、维生素、红花油浸出液（或红兰花色素）适量。

制作步骤

（1）取暗室中栽培的棒状鲜灵芝 10 千克，洗净后切成 10 厘米长的碎块，放入不锈钢锅中加热，温度 70 ℃煮 10 分钟，干燥后备用（处理液留用）。

（2）将干燥后的灵芝子实体放入 75%的乙醇中消毒灭菌，取出风干，除去乙醇成分。

（3）将去醇后的灵芝放入碳酸水中浸泡一下，分段取出，每段放入一个瓶中，加入适量上述加热处理用过的处理液，葡萄糖（或砂糖）、蜂蜜、柠檬酸、苹果酸、维生素类和水调味，另加适量红花油浸出液（或红兰花色素）配成 90 千克调味液。

（4）将调味液注入装有灵芝的瓶中，加盖密封，在 90 ℃的热水中灭菌 30 分钟即成成品。

此产品营养丰富，清凉酸甜，味美可口。

2. 灵芝芹菜保健饮品

工艺流程

芹菜→护色→ 榨汁→ 过滤→ 芹菜渣→灭菌→ 接种→发酵

↓

芹菜汁

↓

发酵液→菌体灭活→打浆→过滤→勾兑→调味→添加稳定剂→均质→脱气→灌装→灭菌→成品

制作步骤

(1)芹菜汁的制备。选择新鲜、无病虫的芹菜，去除杂质，在护色液(每千克水中含 10 克碳酸氢钠和 500 毫克乙酸锌中于 95 ℃下漂烫 3 分钟后，用流水冲洗 30 分钟，沥干水分,将芹菜切成 5 厘米左右的长条并按其重量 10%的比例加水，用榨汁机榨汁，80 目筛绢过滤，滤汁和滤渣分别置于 4 ℃环境下保存备用。

(2)芹菜渣发酵液的制备。将活化的灵芝菌丝接入马铃薯蔗糖液体培养基,以 150 转/分钟、25 ℃培养 24 小时作为种子，按 15%(V/V)的比例接入芹菜渣培养基中，以 150 转/分钟、25 ℃下培养 72 小时,得到芹菜渣发酵液。将发酵液置于灭菌锅内，105 ℃下维持 15 分钟，灭活菌体。在发酵液温度降至 50~60 ℃时,在组织捣碎机内高速打浆 20 分钟，四层纱布过滤，滤液在高压均质机内以 15~20 兆帕的压力均质 15~20 分钟，得到状态均匀、颗粒微小、黏度适中的发酵液,此即为保健饮品制作原料。

(3)芹菜汁与发酵液的调配。芹菜汁与发酵液的调配比例按照芹菜榨汁后所得芹菜汁与渣的比例进行，因芹菜汁与渣的比例为 1∶1~2∶1，因此本试验芹菜汁和发酵液采用 1.5∶1 的比例进行调配。

(4)饮品的调味。食盐添加量为 0.9%、姜汁添加量为 0.8%、蜂蜜添加量为 1.0 %、乙基麦芽酚添加量为 0.2 ‰。乙基麦芽酚在饮品中起到两方面的作用，即包合和增香，这两种作用对本试验芹菜饮品的影响最大。姜汁因其气味较特殊，因此对口感及气味的影响较为明显。蜂蜜与食盐同时加入，二者影响均较小，原因可能在于甜味剂和咸味剂同时加入时，二者效果可相互抵消，导致最后对口感及状态影响不明显。

（5）稳定剂的筛选。稳定系统中 CMC-Na 与黄原胶的比例在 2∶1 比例时效果最好，此时黄原胶和 CMC-Na 的添加量分别为饮品的 0.06 %和 0.12 %，在此配比下所得保健饮品最稳定。

（6）均质、脱气、灌装和灭菌。将添加过稳定剂的饮品于高压均质机内以 15~20 兆帕的压力均质 15~20 分钟，经过均质后的饮品在脱气机内真空脱气 2~3 分钟，脱气温度控制在 65 ℃左右时灌装，灌装后饮品进行巴氏灭菌，冷却至室温后进行理化指标和卫生指标检测。芹菜汁与发酵液以 1.5∶1 的比例进行勾兑，然后以食盐 0.9%、姜汁 0.8%、蜂蜜 0.5%、乙基麦芽酚 0.2 ‰的含量进行调味，加入复配的稳定剂 CMC-Na 和黄原胶分别为 0.12%和 0.06%，进行均质后得到可溶性固形物含量 35 克/升以上、膳食纤维含量 27.5 克/升的感官指标较高的灵芝芹菜保健饮品。

质量指标

（1）感官指标。①色泽：绿色，②口感：清凉适口，口味，甘甜；③组织状态：均匀、无气泡；④气味：有淡淡的芹菜清香。

（2）理化指标。可溶性固形物≥35 克/升；可溶性膳食纤维≥27.5 克/升；还原糖含量≥9.86 克/升；多糖含量≥15.35 克/升。

（3）微生物指标。细菌总数≤100 个/毫升；大肠杆菌≤30 个/100 毫升；致病菌不得检出。

3. 无苦味灵芝饮料

原料

灵芝，60~80 ℃温水，环糊精。

制作步骤

（1）将灵芝晒干，切成5毫米的薄片，加入60~80 ℃水，抽提1小时，用倾析法将灵芝渣取出，得第1次抽提液，将灵芝渣粉碎成馅状，再加60~80 ℃温水，抽提3小时，得第2次抽提液。

（2）合并第1、2次抽提液，取抽提液100份，加环糊精2~5份，搅拌均匀，即为无苦味灵芝饮料，用容器分装后即可上市。

灵芝中含有苦味配糖体，作为饮料如不除去，则难以适口。加环糊精可以包容掩盖其苦味。若加环糊精5份以上，则苦味消除过甚，饮用时没有灵芝风味。

4. 灵芝豆奶饮料

据李玉忠（2001）研究报道介绍如下。

原料

大豆，灵芝，全脂奶粉，白砂糖，BE 1豆奶稳定剂，维生素C，多聚磷酸钠，蛋白糖，香精等。

设备

搅拌机，浆渣自动分离磨浆机，高压杀菌锅、蒸煮锅，离心机，均质机，配料桶，封盖机等。

工艺流程

灵芝→处理→提取→离心分离→净化→灵芝液
↓
大豆→洗净→浸泡→脱皮→磨浆分离→豆奶基料→调配→过滤→预热→均质脱气→灌装→封盖→杀菌→冷却→保温打检→贴标→成品→入库

制作步骤

（1）原料预处理。将灵芝干品精选，去除虫蛀、霉变灵芝，剪去柄部带有培养基的部分，然后粉碎至10目待用。大豆原料以色泽光亮、颗粒饱满、无虫蛀、无霉变的大豆为佳，将其清洗干净，除去杂质和砂粒，放入 0.2%小苏打溶液中浸泡 10 小时左右（视温度而定）。

（2）灵芝液的提取。将已粉碎的灵芝在 35~60 ℃的温水浸泡 48 小时，然后加水稀释，搅拌后继续浸泡 10 小时，过滤分离灵芝残渣。再将灵芝残渣按工艺重复浸提一遍，最后将两次提取液混合后离心分离，得到纯净的灵芝液。1 千克灵芝可提取浸出液 10 千克左右。灵芝液也可经真空浓缩备用。

（3）豆奶基料的制备。将浸泡好的大豆脱皮，加入 80~90 ℃热水磨浆，豆水比为 1∶30。浆汁加热至 80 ℃以上 10 分钟。

（4）配比。将灵芝液与豆浆按 1∶9 比例混合，然后加入奶粉、白糖、甜味剂等辅料，搅拌使之溶解，再加入 BE-1 豆奶稳定剂搅拌均匀。最好将 BE-1 稳定剂用热水预先溶解。用 120 目纱布过滤。

（5）均质、脱气。将调配好的浆液加热到 60~70 ℃，经两次高压均质，均质压力为 18~22 兆帕。脱气后加入豆奶香精少许。

（6）装瓶、杀菌。将热浆液装入瓶中压盖，高压灭菌锅灭菌，灭菌公式：10~30~20 分钟/121 ℃，杀菌结束后，逐渐冷却常温。包装入库时去除变质及分层产品。

质量标准

（1）感观指标。①色泽：乳黄色，色泽均一；②风味：浓郁的豆奶香味中略带有灵芝特有的苦味，无豆腥味、酸败味和其他不良风味，口感细腻；③组织形态：呈均匀有乳浊液，无悬浮物，无分层，无沉淀，无杂质。

（2）理化指标。蛋白质≥1%，总固形物≥6.5%，pH 值为 7，砷（以 As 计）≤0.5 毫克/千克，铅（以 Pb 计）≤1 毫克/千克，铜（以 Cu 计）≤10 毫克/千克。

（3）微生物指标。细菌总数≤10 个/毫升，大肠菌群≤5 个/100 毫升，致病菌不得检出。

5. 灵芝液体发酵花生乳饮料

工艺流程

花生去壳、烘干、去皮→磨浆→过滤、取汁→ 杀菌、冷却→接种→
灵芝母种的活化→液体发酵扩大培养↗
发酵→过滤、均质→调配→灭菌→样品分析→成品

制作步骤

（1）菌种活化。用普通 PDA 培养基活化灵芝菌种。

（2）液体发酵培养基配方。马铃薯 200 克/升、葡萄糖 20 克/升、蛋白胨 3 克/升、磷酸二氢钾 0.75 克/升、七水硫酸镁 0.3 克/升、pH 值自然。

（3）液体发酵培养基的灭菌、接种培养。将配制好的液体发酵培养基按 250 毫升三角瓶装 50 毫升的标准装液，塞棉塞并于 121~126 ℃下灭菌 30 分钟，冷却、接种后于 25 ℃ 150 转/分钟的条件下振荡培养、备用。

（4）花生的处理。花生经挑选后去壳，烘至七八分下即可，然后去掉花生种皮，磨浆机磨浆，冷却备用。

（5）灭菌、接种、培养。将配制好的液体发酵培养基于 121~126 ℃条件下灭菌 30 分钟，冷却后接种。进行培养备用。

（6）调配及灭菌。将调配好的混合液用均质机在 55 ℃下二级均质，并将均质后的发酵液加入白砂糖、乳酸进行调配，然后 80 ℃灭菌 15 分钟。

6. 灵芝乳保健饮料

据程哲等（2011）研制报道，以灵芝菌发酵液和牛奶为主要原料试制灵芝乳保健饮料。

工艺流程

灵芝菌种→斜面试管菌种→液体培养→扩大培养→浸提处理→灵芝菌液→混合调配→均质→装瓶杀菌→冷却→成品

↑

纯牛奶、稳定剂、白砂糖、柠檬酸

制作步骤

（1）母种斜面培养基。采用常规 PDA 培养基，按比例称好，拌匀，分装于试管，灭菌，接种。在 25 ℃ 条件下培养 10 天，菌丝长满斜面。

（2）液体培养基。马铃薯 20%，葡萄糖 2%，蛋白胨 5%，七硫酸镁 0.1%，磷酸二氢钾 0.1%，维生素 B_1 10 毫克/升，豆油 0.03%。

（3）培养方法。取 250 毫升三角瓶装培养基 100 毫升， 1.47×10^5 帕灭菌 25 分钟，冷却后，在无菌条件下将活化斜面菌种接到液体培养基中，每支斜面试管菌种接 2 瓶，在 25 ℃条件下静置 24 小时，再置于 160 转/分钟恒摇床中，25 ℃ 培养 10 天，获得液体菌种。液体菌种以 5%的接种量转接至新摇瓶，直接放在全温摇床中 160 转/分钟，25 ℃培养 5 天。

（4）过滤、配方及品质感官的确定。将菌液过滤除去菌丝体及杂质后进行调配。

最佳配方的确定

（1）从感官分析，最佳因素水平为：灵芝菌汁 10%、纯牛奶 30%、白砂糖 8%、柠檬酸 0.3%，复合稳定剂添加量（黄原胶与 CMC 的比例为 0.1%：0.3%）

（2）该产品色泽乳白，酸甜适口，光洁度高，风味纯正，口感协调柔和，具有灵芝和牛奶特有的清香味，无异味，并具有较高的营养价值。各项微生物指标符合国家标准。

（3）由于灵芝菌丝体发酵与灵芝子实体栽培的环境不同，灵芝菌丝发酵液与子实体的营养成分是否一致，还有待于进一步研究。

7. 灵芝奶茶饮料

用茶叶和乳加工的奶茶，是一种既有茶香风味，又有奶制品营养价值的产品。我国古代民间饮食疗法中提到，奶茶可安神助眠，养生益寿，是一种天然的健康饮品。现在我们研制的灵芝奶茶饮料口感良好、营养丰富、饮用方便、可较长期保存，符合现代饮料的发展趋势。

工艺流程

茶叶、灵芝→清洗→浸提→调配→加热→均质→包装→杀菌→冷却→产品

制作步骤

（1）浸提。灵芝、红花轧碎过24目筛，有利于有效成分的快速溶出。浸提的用水量为40倍，灵芝与红茶的比例为1∶3，用95%~98%，热水浸提15分钟，然后用200目滤布滤去茶渣，得到茶汁。

（2）调配。奶茶调配时需添加5%奶粉、6%白砂糖、0.1%左右的稳定剂，并用高速搅拌机搅拌均匀，添加的稳定剂主要是起到乳化、增稠的作用，防止油水分离和减少沉淀现象。单一使用稳定剂的效果较差，特别是CMC，对热不稳定，其本身为高分子电解质，用于奶茶易使乳中的蛋白解离而降低亲水性，使蛋白沉淀。而采用混合型稳定剂具有良好的效果。

（3）均质。把物料加热到85 ℃后立即进行均质。在85 ℃，25兆帕条件下进行两道均质可以取得较好的效果。

（4）杀菌。奶茶用180克容量的玻璃瓶包装后即进行杀菌处理。由于灵芝奶茶是中性蛋白饮料，所以杀菌应以肉毒梭状芽孢杆菌为对象，采用高温杀菌工艺，杀菌公式如下：10~25~15分钟/120 ℃。

质量指标

（1）感官指标。茶黄，带乳白色，乳香味浓郁并带有茶的香味和灵芝风味，无分层和明显沉淀，无杂质存在。

（2）理化指标。蛋白质含量≥1%（m/V），含糖量6%~8%（m/V），铅（以Pb计）≤1.0毫克/千克，砷（以As计）≤0.5毫克/千克，铜（以Cu计）≤10毫克/千克，添加剂符合国家标准。

（3）微生物指标。细菌菌落总数（个/毫升）≤100，大肠杆菌数

(个/100 毫升)≤30,致病菌不得检出。

8. 灵芝酸奶

据余尊祥(1997)研究报道,灵芝酸奶的制作方法如下。以全脂奶粉为主料,灵芝液体培养物为辅料,接入发酵剂,经发酵后制成凝固型酸奶。该饮料富含蛋白质、氨基酸、多糖、矿物质等营养成分,是一种老少皆宜的保健饮料。

工艺流程

母种试管斜面→液体摇瓶培养→匀浆→过滤→配料→分装→灭菌→接种→发酵→后熟→成品

制作步骤

(1)母种培养。按常规方法将灵芝母种接入 PDA 试管斜面培养。

(2)液体摇瓶培养。将母种接入综合 PDA 液体培养基中，26~28 ℃ 摇瓶,菌丝球为培养液的 2/3 即可。

(3)匀浆。菌丝球和发酵液一并置于匀浆器内,匀浆 10~15 分钟。

(4)过滤。用四层纱布过滤匀浆后的发酵液。

(5)配料。奶料、发酵液、水按 1∶3∶5 或 1∶2∶6 的比例混匀。若为鲜牛奶,灵芝发酵液与鲜牛奶按 1∶0.2 的比例混匀即可,并加入配料总量 5%的白糖。

(6)分装。配好的原料分装于酸奶瓶或无色玻璃瓶内,装量为容器的 4/5。

(7)灭菌。装瓶后的配料 90 ℃ 水浴 5 分钟或 80 ℃ 水浴 10 分钟,取出放在干净通风处冷却。

(8)接种。待瓶壁温度降至室温时,按 5%~10%的种量接入市售新鲜白酸奶,或按 1∶1 比例接入嗜热链球菌和保加利亚乳杆菌,接种量为 2.5%~3.0%。

（9）发酵。接种后的发酵瓶口覆盖一张洁净的防水纸，并用线扎好，42~43 ℃恒温发酵 3~4 小时，注意观察酸凝情况。检查时切忌摇动发酵瓶，以免出现固液分层和大量乳清析出，影响产品质量。待全瓶出现酸凝，即由液态变为半固态时，取出进行后熟处理。

（10）后熟。将发酵好的酸奶置于 10 ℃以下后熟 12~18 小时，灵芝酸奶即成。

9. 灵芝醋

据刘军等（2001）研制并报道：灵芝是中国药学宝典中之极品，将其引入酿醋业，不仅可使食醋香味纯正、清冽适口，而且使食醋保健功能大大增强。

工艺流程

灵芝菌丝体培养→蒸料→拌曲→发酵→陈酿→过滤→装瓶

制作步骤

（1）备料。米糠 25%，玉米 25%，麸皮 50%，每 100 千克原料中再分别拌入大曲 20 千克，醋酸液 80 千克，食盐 3 千克。以上为重量配比，可以根据需要多配或少配。

（2）灵芝菌丝体培养。将玉米 40 千克放入 pH 值为 10 的水中浸泡 18 小时，捞起淋干后加入 0.1%石灰，煮至无硬心为止，淋干摊晾至表皮稍干，然后拌入米糠 30 千克及麸皮 25 千克，并加入石膏 1 千克，调节含水量达 65%。装袋灭菌，高压灭菌 3 小时。待袋温降至 30 ℃以下时接入灵芝原种 8 千克，一般培养袋两端接入，保持培养温度在 25~28 ℃时发菌，经 25~30 天可发满菌袋，经 5~7 天后熟后即可使用。

（3）蒸熟。将剩余固态原料米糠、玉米等粉碎，兑水浸泡 24 小时，入锅蒸煮至熟烂。这样可使原料与微生物接触面扩大，促使糊化均匀，加速糖化进程。

（4）拌曲。将蒸熟的原料焖放 10~20 分钟后摊开晾凉；将培养好的菌块脱袋晒干，粉碎成细粒，待蒸熟的原料降温至 50 ℃ 左右时，拌入大曲及酵母液、醋酸液搅拌均匀。温度降到 17~18 ℃ 时装缸酿制。较低的温度能促使糖化完全，有利于抑制杂菌，提高醋的品质。

（5）发酵。原料拌曲装缸后，开始进入糖化与酒精发酵阶段，此时温度以 25~30 ℃ 为宜。约经 36 小时，料温升至 39 ℃时进入醋酸发酵阶段，此时温度应控制在 40 ℃左右。与此同时，掺入谷糠 40 千克，搅拌均匀。1 周后料温下降，酒精氧化结束，醋化完成。

（6）陈酿。缸内醋化后，加水降低醋液中的酒精浓度，有利于空气中的醋酸菌繁殖生长，自然酿制。一般每千克料加水 300~350 千克，夏季需 20~30 天，冬春季节需 40~50 天，醋液变酸成熟。此时醋面有一薄层菌膜，发出刺鼻酸味。上层清亮，中下层显原料色，略呈浑浊状。将两者相拌，过滤去除固态悬浮物，密封包装，即得商品陈醋。

质量标准

（1）感官指标。色泽橙黄，具灵芝气味，液态澄清，无悬浮物。

（2）理化指标。总酸（以醋酸计）6 克/100 毫升；还原糖 1.5 克/100 毫升；氨态氮 0.3 克/100 毫升。

（3）微生物指标。细菌总数≤70 个/100 毫升；大肠菌群≤5 个/100 毫克；致病菌不得检出。

10. 灵芝苹果醋酸发酵饮料

工艺流程

原料苹果→选果→洗果→破碎打浆→酶处理→榨汁→澄清处理→苹果原汁

调糖→杀菌→酒精发酵→醋酸发酵→粗滤→后熟→调配→精滤→杀菌→灌装→成品

制作步骤

（1）打浆。选择色泽鲜艳、成熟适度的苹果为原料，首先用清水清洗干净，除去其所黏附的泥土、虫卵、细菌等杂质，接着进行打浆、破碎、榨汁,在打浆过程中为了避免果浆发生褐变,本工艺中加入了浓度为 0.01%的 Na_2SO_3 和 0.1%的抗血酸组成的复合护色液,在所得的苹果汁中加入 0.15%的复合酶(果胶酶与纤维素酶之比为 2∶1)进行酶解、澄清处理,并对苹果清汁进行 90 ℃、30 秒的热力杀菌处理。

(2)发酵。在苹果汁中接入 10%的酵母菌种子培养液,经 96~120 小时的发酵后。发酵液中酒精度可达 7.8%~8.0%,酸度为 0.35%左右,为了避免酒精发酵过程中酵母菌细胞出现自溶现象,从而影响最终产品的风味,当酒醪中含糖量达 1.3~1.5 克/100 毫升时,应停止酒精发酵,转入醋酸发酵。醋酸菌种子液接种量为 10%,发酵终点的酸度(以醋酸计)达 7.8%以上,发酵时间为 60~65 小时。

(3)调配。醋酸发酵结束后,按照口感柔和,酸爽适中、营养合理的原则进行配比,最佳配方即醋为 1 份、苹果原汁为 1 份、蜂蜜 0.1 份、银杏叶浸提液、灵芝浸提液和枸杞浸提液各 0.05 份,经调配后的苹果醋饮料酸爽可口,风味浓郁,口感较柔和。

质量指标

(1)感官指标。①色泽:清亮的金黄色或浅黄色,均匀一致;②香气:具有浓郁的苹果香气,无其他异味;③滋味:酸甜爽口,具有浓郁的苹果醋酸发酵饮料的风味和灵芝特有的风味。

(2)理化指标。

检验项目	指标要求	检验结果
总固形物(克/100 毫升)	11~13	12.4
总酸(以醋酸计,克/100 毫升)	1.2~2.0	1.73
碳水化合物(克/100 毫升)	≥8.0	8.86
总黄酮含量(克/100 毫升)	≥3.0	9.0
砷(以 As 计,毫克/千克)	≤0.5	未检出
铅(以 Pb 计,毫克/千克)	≤1.0	<0.5
铜(以 Cu 计,毫克/千克)	≤10.0	1.0

（3）微生物指标。

检验项目	指标要求	检验结果
细菌总数（个/毫升）	≤100	2
大肠杆菌（个/100 毫升）	≤6	<3
致病菌	不得检出	未检出

11. 灵芝速溶咖啡

原料

脱咖啡因、速溶咖啡约 48%，速溶菊苣约 48%，咖啡风味剂 2%~6%，灵芝精粉 2%~10%。

制作方法

将上述原料混合，充分拌匀，用玻璃瓶或塑料袋分装，每袋 30~50 克，密封贮存备用或上市。使用时，打开容器，将其倒入茶杯中，用开水冲泡即可饮用。

此产品用灵芝精粉取代了对中枢神经有兴奋作用的咖啡因。饮用后无咖啡因引起的副作用。灵芝具有降血压、改善血液循环、抗胃溃疡、抗血栓等功效。速溶菊苣是从咖啡代用品菊苣根中提取的粉末，对肾结石、膀胱结石、风湿病、痛风、黄疸恶心均有一定疗效。

12. 灵芝可乐保健饮料

据孙悦迎（1996）试验报道，利用灵芝的药效添加其他辅料，开发生产出一种新型的灵芝可乐保健饮料。该产品的风味和色泽独特，融营养和药效为一体，不加任何化学物质，是纯天然保健饮料。

原料

灵芝子实体、白糖、可可粉、红茶、海藻酸钠、发酵混合菌液。

工艺流程

（1）白糖+红茶+水加热 100 ℃→冷却菌液→发酵 30 ℃ 3 天。

（2）灵芝子实体→ 冲洗→浸泡（浸提 2 次）。

（3）发酵液+灵芝浸提液→ 配制（加辅料）→灭菌→ 检验、分装（成品）。

制作步骤

（1）灵芝提取液的制备。两次提取后，合并两次浸提液。

第一次提取。灵芝子实体冲洗干净后粉碎，按一定比例称取粉碎样品，置于 70~80 ℃ 水浴中，浸提 3~4 小时后用 4~8 层纱布过滤，保存滤液。

第二次提取。将第一次残渣置于 20~80 ℃ 水浴中浸提，经 3~4 小时后用纱布过滤。

合并两次浸提液，配成浓度为 0.5%的溶液。

（2）发酵液的制备。将白糖和红茶按比例加入沸水中搅拌，自然冷却至 50 ℃ 以下，加入乳酸混合发酵菌液，于 30 ℃ 下培养 3 天，测 pH 值，当 pH 值为 4~5 时即成。

（3）成品液的调配。将灵芝提取液与发酵液混合，再加其他配料调味、调色、调香，用高温短时灭菌杀死其中的微生物。最后对成品进行检验、分装。

质量标准

（1）色泽。褐色，清亮。

（2）口感。甜中有酸，后味微苦。

（3）理化指标。符合部颁标准。

（4）卫生指标。符合部颁标准。

13. 灵芝芦笋可乐

工艺流程

原料选择→清洗、预煮→打浆提汁
辅料液配制→调配→过滤装瓶
→灭菌→成品

制作步骤

（1）原料选择。灵芝选用无虫蛀、无霉变的干品；芦笋选用新采收的嫩茎（也可用制罐后的下脚料）。

（2）清洗预煮。将灵芝、芦笋用流动清水洗净；芦笋与水按 1：1 的比例加入夹层锅加热至 100 ℃，煮沸 15~20 分钟。

（3）打浆提汁。将芦笋分别用打浆机打浆，用 0.5 毫米的筛孔过滤，再用多层纱布过滤，得第 1 次滤液。余渣加水适量再打浆、过滤取汁，合并两次滤液。

（4）辅料液配制。灵芝 5 克，甘草 7 克，当归 7 克，何首乌 7 克，川芎 7 克，楂皮 3 克，陈皮 3 克，豆蔻 3 克，乌梅 200 克，水 1000 毫升，混合后粉碎，过 10 目筛，用热水回流法提取 2 小时，趁热过滤，得滤液备用。

（5）调配。取灵芝辅料液 600 克，芦笋液 500 克蔗糖 10 克混合于夹层加热，待温度上升到 85 ~95 ℃，糖完全溶化时，打去液面浮沫，加入柠檬酸 1 克，出锅。

（6）过滤装瓶。将调配好的饮料用纱布过滤，分装于事先洗干净的瓶中，加盖密封。

（7）灭菌。将分装好的饮料瓶杀菌，杀菌公式为 5~8 分钟/100 ℃

（8）成品。将杀菌后的饮料瓶贴上商标，成件装箱入库，贮存或上市。

营养丰富，具可乐味，且灵芝、芦笋均有防癌抗癌等保健作用，适合所有人群饮用。

14. 灵芝银耳保健口服液

产品特色

灵芝银耳保健口服液含有丰富的营养物质及功能成分，具有补肺益肾、提高机体免疫功能、增强体质等作用，可改善肺功能。

工艺流程

灵芝菌种→一级液体菌种→二级液体菌种→酶解浸提→过滤 ┐
　　　　　　　　　　　　　　　　　　　　　　　　　　├→
　　　　　　　　　　　　　银耳→打浆→酶解浸提→过滤 ┘

混合→浓缩→调配→均质→灌装→封盖→杀菌→包装→检验→成品

制作步骤

(1)灵芝斜面菌种培养。将灵芝母种在无菌条件下接于PDA培养基上,在26~27 ℃下培养,经5~7天左右,菌丝长满斜面,即为扩大的灵芝斜面菌种。

(2)一、二级液体摇床培养。培养基均为马铃薯(去皮)20%、磷酸二氢钾0.1%、硫酸铵0.2%,水1000毫升,pH值自然。将培养基分装于250毫升的锥形瓶中,每瓶100毫升,用4层纱布和1层牛皮纸封口,在1.029×10^5帕、121.3 ℃下灭菌30分钟。然后将扩大的灵芝斜面菌种接入一级液体摇瓶中,每瓶约接菌种1平方厘米。在27~28 ℃、130~140转/分的条件下震荡培养6~7天,当摇瓶内出现大量小菌丝球时终止培养,将此培养物接入二级液体培养基,接种量为10%~15%,在一级摇瓶同样条件下震荡培养3~4天,当发酵液呈淡蜂蜜色、清澈透明并有大量白色菌丝球时停止培养。

(3)灵芝菌丝液提取。将发酵液用0.1%的淀粉酶及0.1%的复合蛋白酶进行酶解处理(50 ℃,2小时,pH值为6.0),然后用铜筛(80孔/平方厘米)过滤,即得灵芝菌丝提取液。

(4)银耳提取液制备。选用无杂质银耳子实体干品,浸泡用水量与银耳的重量比为80∶1,在室温下浸泡30分钟,置高速打浆机中充分破碎,制成银耳浆液。将银耳浆液pH调至6.5,加入质量分数为1%复合酶制剂(复合蛋白酶、果胶酶),控制温度在50~55 ℃酶解60分钟,然后升温至85 ℃以上灭酶,热水浸提2遍,合并提取液,过滤备用。

（5）混合、浓缩。将灵芝菌丝提取液、银耳提取液按 5∶3 比例混合均匀，注入低温真空浓缩罐中浓缩。可溶性固形物≥80%（20 ℃，以折射率计），pH 值为 4.5 左右。

（6）调配、均质。料液经过 50 兆帕高压均质机处理，使物料细微化，形成直径为 0.2~1 微米的小分子，可解决口服液沉淀问题，并改善口感。

（7）灌装杀菌。将调配均质后的料液用 250 毫升棕色营养液瓶灌装，封盖后杀菌，杀菌公式为：20~30~20 分钟/118 ℃，经检验、贴标、包装即为成品。

质量标准

（1）感官指标。色泽呈棕褐色，均匀一致；具有本品固有的香气，无异味，风味独特；组织形态呈浑浊液，底部有少量可摇匀的沉淀物。

（2）理化指标。可溶性固形物（20 ℃，以折射率计）11.68%，pH 值为 4.8，总糖 4.3%，氨基态氮 1.2 毫克/毫升，砷（以 As 计）<0.2 毫克/升，铅（以 Pb 计）<0.1 毫克/升。

（3）微生物指标。菌落总数≤100 个/毫升；大肠菌群≤3.0 个/100 毫升；致病菌（指金黄色葡萄球菌、沙门菌、志贺菌）不得检出。

（七）灵芝护肤美容品

1. 灵芝营养霜

灵芝又名瑞草，为滋补强身、扶正固本之药物，也是美容佳品。它能调节人体免疫功能，增强血红蛋白供氧量，促使细胞再生，达到对皮肤滋补营养的效果。

配方

（1）油相。硬脂酸 3 份，单甘酯 7 份，白油（11 号）5 份，十八醇 5 份，鲸蜡醇 3 份，尼泊金乙酯 0.1 份。

(2)水相。甘油 20 份,苯甲酸钠 0.15 份 ,乳化剂 0.5 份,去离子水 47.65 份。

2. 灵芝浴用液

将干灵芝子实体、残芝及灵芝菌丝体切碎,每 30~50 克加水 1000 毫升煮沸后改用文火煎提 1~2 小时,过滤即得滤液,浓缩至原体积的 1/5,即为灵芝浓缩液。加入艾蒿、升麻、槐花和桔梗等中草药提取液浓缩汁,香精少许,搅拌均匀即为灵芝浴用液。每次洗澡时,往浴盆水中加入灵芝浴用液 50~80 毫升洗浴,对湿疹、汗疹等皮肤病有很好疗效。

3. 灵芝护发美容品

用菇菌类制作护发美容品潜力很大,但目前此类保健品开发数量还不多,这里介绍一种灵芝高级洗发香波 。

原料

紫灵芝、油茶麸、表面活性剂、发泡剂、增稠剂、调香剂 。

工艺流程

灵芝切片→水煮两次→合并过滤液→滤液浓缩→ 保温沉淀→浓缩→灵芝浸膏油茶麸粉碎→ 水煮两次→ 沉淀过滤→ 滤液→加灵芝浸膏→搅拌溶解→加温沉淀→取上清液→加活性剂→加发 泡剂→加调稠剂→加增香剂→乳化→装瓶 。

制作步骤

(1)原料选择。选用当年生产的无虫害、无霉变、质量上等的灵芝和油茶麸。当年生产的优质油茶麸茶皂素含量高 ,而茶皂素是天然表面活性剂,具去污、发泡、乳化、分散和湿润作用,并有抗菌消炎、去屑止痒、镇痛抗癌等生理活性,是林区妇女经常使用的天然洗涤剂,也是灵芝有效成分的载体 。

(2)水处理与料水比。茶皂素易与水中的钙、铁、镁、钡等金属离子反应而发生沉淀,因此煮料水必须是蒸馏水或去离子水。另外, 煮制时不可与铁质容器或工具接触,应采用不锈钢锅或铝锅。每次煮制时灵芝与水的比例为1∶6,茶麸与水的比例为1∶4。

(3)煮制时间与温度。每次煮制的时间灵芝为3小时,茶麸为1~1.5小时,第一次煮制时间应比第二次少3分钟,共煮两次,煮制时水温掌握在80~90 ℃,温度过高易引起有效成分的破坏,还会造成胶体溶出,降低产品质量。

(4)沉淀过滤。将两次水煮液合并,静置24小时让其沉淀,取出上清液,下面混合液过滤后连同上清液一同备用。

(5)滤液浓缩。先将上清液与过滤液混合,然后将其进行浓缩处理。当浓缩到浓度为1.04千克/升时,再让其静置24小时沉淀,取出上清液,再浓缩两次。当减压浓缩到浓度为1.3千克/升时结束,最后在液体中加入防腐剂备用。

(6)混溶配制。按每吨茶麸上清液,加灵芝浸膏4千克(相当于40千克灵芝成分)的比例,将两液混合加热搅拌均匀,于40 ℃条件下保温24小时,取上清液过滤,然后依次加入表面活性剂、发泡剂、增稠剂和增香剂,通过乳化机乳化后即为成品,最后进行灌装、贴标签、装箱、贮存或出厂。

第五节 灵芝孢子粉加工技术

一、灵芝孢子粉破壁方法

灵芝孢子粉的破壁灵芝孢子是灵芝的精华,它含有丰富的蛋白质、氨基酸、多肽、生物碱、有机锗等化学成分,且各种成分含量均高于灵芝菌丝体和子实体,历来用于治疗许多疑难杂症。临床医学证明,灵芝孢子粉可抗衰老、抗肿瘤,增加机体免疫力,同时可止血、排毒、抗缺氧、降血糖和血脂,对糖尿病、冠心病、神经衰弱、白血病等均有较好的疗效。但由于灵芝孢子含有几丁质、不溶性纤维和木质素，具有很强的耐腐蚀性，不易为人体消化和吸收，为了使其各种有效成分释放出来，须对孢子进行破壁，破坏其孢子壁的内部结构，便于人体的吸收，取得更好的药效。

（一）预处理

灵芝孢子破壁前经过预处理，也称温差破壁，可增强破壁效果。预处理具体操作如下。

（1）取已收集好的灵芝孢子粉放入容器中。

（2）加入75%的酒精，浸没孢子粉，用玻棒搅拌2分钟，然后盖好烧杯，杀菌2小时。

（3）向容器中注入无菌水（灵芝与无菌水之比为1∶3），并搅拌均匀，再放入17 ℃的冰柜中冷冻4.8小时。

（4）取出冷冻好的容器，置于50 ℃左右的恒温水中热溶，并不断搅拌，再置于40 ℃的水浴中热溶2~3小时。

（二）破壁方法

1. 机械破壁法

机械破壁法指借助设备设施的挤压、撞击、高速剪切等外部作用，力使得灵芝孢子的几丁质壳破裂的方法。

（1）研磨式超微粉碎破壁法。研磨式粉碎是灵芝孢子借助与研磨介质之间所产生的挤压以及剪切、碰撞等的相互作用力，完成灵芝孢子细胞壁粉碎的过程。研磨式粉碎过程主要为碰撞力、挤压与剪切作用。破壁的效果取决于研磨介质的长短、外形轮廓、体积比、研磨方式、灵芝孢子物料的装填量、相互作用的力学特性等。研磨式粉碎的典型设备有对辊式挤压破碎机、搅拌研磨和振动研磨等。常用的研磨式灵芝孢子超微粉碎破壁方法有球磨式干法超微粉碎破壁、湿法高速剪切破壁、高压均质破壁等。该方法的特点是破壁率高，但很容易造成磨介之间的碰撞摩擦导致物料中夹杂金属碎屑。

（2）气流式超微粉碎破壁法气流式超微粉碎的原理是借助高压空气或过热蒸汽，当气流通过喷嘴会受阻产生更高压力湍流高压气流，以该气流作为灵芝孢子的载体，孢子与孢子之间或孢子与腔体之间发生高强度撞击或挤压等作用，导致坚硬的细胞壁破裂，完成粉碎破壁的目的。肖鑫等（2015）先将灵芝孢子粉进行纤维素酶预处理，再进行高压气流粉碎，粉碎率可达到99%以上。

（3）挤压膨化破壁法。挤压膨化破壁的原理是物料通过旋转的螺杆产生挤压、剪切以及设备腔体的加热作用，物料受热、高压及剪切作用实现细胞壁的破裂，达到破壁的目的。该方法工艺操作简单，易于连续大量地进行破壁处理，但高压及加热等作用会导致物料的部分功效成分受热变性，影响产品的品质。刘静雪等（2017）采用双螺杆挤出技术对灵芝孢子粉进行破壁处理，利用响应面优化得出当挤出温度 110 ℃、物料含水量 27%、螺杆转速 640 转/分钟时，灵芝孢子粉破壁率可达到 96.48%。

2. 物理破壁法

（1）超声波破壁法。超声波破壁技术是利用超声波的辅助作用结合特定溶剂进行灵芝孢子破壁的方法，超声波能够产生高频的强力空化效应和冲撞作用，从而使灵芝孢子之间产生强烈的撞击和剪切，实现破壁的目的。该方法能够缩短破壁时间，提高破壁效率。单独使用超声波破壁效率较低，容易产生局部高热而使灵芝孢子中的热敏性成分变性失活。在灵芝子实体的提取中，Alzorqi 等借助超声波破壁辅助提取其多糖组分，在工艺优化的条件下，该多糖组分得率明显提高。

（2）微波破壁法。微波辅助破壁技术是利用微波辐射能产生的高频电磁场，透过萃取介质深入灵芝孢子细胞内部的过程。微波所产生的高频电磁场,可使得灵芝孢子组分的分子由固体内部向固液界面扩散的速率加快。此过程会产生大量热能,从而使细胞内部压力变大,细胞壁由于内外压差的作用而破裂。但该方法容易导致灵芝孢子的部分功效成分受热破坏。杨连威(2005)先将灵芝孢子进行微波处理,再在低温下深加工,灵芝孢子的破壁率可达99%以上。

(3)超低温液氮脆化破壁法。超低温液氮脆化破壁是指利用液氮的超低温将灵芝孢子快速冻结后再迅速解冻,从而达到破壁效果的方法。一般超低温液氮脆化设备由液氮发生器、脆化系统、信息采集系统和观察系统四大部分组成。周顺华等(2002)试验证明,超低温液氮能够有效提高细胞壁的脆化破裂效果;采用超低温液氮进行脆化破壁具有破壁率高,设备操作简便及功效成分破坏小等特点。吴映明等(2008)采用超声波和超低温冷冻处理结合的方法进行灵芝孢子粉的破壁处理,结果显示随着冻结、解冻次数的增加,可一定程度上提高灵芝多糖的得率,本方法具有能耗低、破壁效果好,操作简单等特点,但作用时间长。

(4)真空压差膨化破壁法

真空压差膨化又称气流膨化、变温压差膨化等,该方法的膨化过程中,膨化的温度和干燥过程中的温度有温差,在膨化过程中物料的温度不断变化;压差是指物料在膨化的过程中由腔体中的高压与真空罐连通时变成低压的过程;该过程导致物料内部水分瞬间汽化,使得物料形成蓬松的结构状态。周萍等(2012)研究了真空压差脆化破壁灵芝孢子的工艺,以灵芝孢子的硬度和含水率为指标,选取膨化温度、抽真空干燥温度、抽真空干燥时间等为考察主要因素,经过工艺优化试验得到真空压差膨化结合超微粉碎技术可提高灵芝孢子破壁率。

3. 化学破壁法

化学法是利用溶剂浸提灵芝孢子粉中有效成分或利用酸、碱等试剂降解灵芝孢子细胞壁结构，使得灵芝孢子粉中的功效成分溶出。该法的优点是设备投入少，能耗低；缺点是提取或破壁时间长，容易造成溶剂残留等。Lee 等（2013）采用 25%乙醇溶剂提取灵芝中的功效成分，最终减压浓缩并定容至 500 毫升保存，通过灵芝的 25%乙醇提取物，研究其通过激活 Nrf2/HO-1 通路增强细胞的抗氧化作用，该方法对灵芝孢子的提取率较好。

4. 生物破壁法

（1）酶解破壁法。酶解破壁法是通过添加溶壁酶，包括纤维素酶、几丁质酶和葡糖苷酶等，具有一种或两种以上的酶活性，通常是将 2 种以上的酶混合使用，能更好地发挥破壁作用。夏志兰等（2005）利用 3.0%浓度的溶壁酶Ⅲ，在 38 ℃条件下对灵芝孢子酶解 4 小时，可使灵芝孢子粉破壁率达到 80%以上。此方法与超声波处理技术相结合，灵芝孢子粉破壁率可达到 98%以上。李国平（2017）采用复合酶解技术对灵芝孢子粉进行破壁处理，效果明显。

（2）萌发破壁法。萌发破壁法是在适宜的萌发条件下，诱导新鲜饱满的灵芝孢子萌发，从而达到破壁的目的。王德芝等（2009）研究表明，灵芝孢子在 28 ℃、pH 值为 5、供氧、黑暗条件下培养 48 小时，萌发率可达 70%，且 0.1 毫克/毫升浓度范围的 $MgSO_4$、$CaCl_2$、$FeCl_3$ 能促进孢子萌发。萌发破壁法除受外部培养条件影响外，灵芝孢子的保存状态对破壁率有很大影响。柯斌榕等（2015）研究表明，赤芝只有早期弹射的新鲜担孢子可以在麦芽汁培养基中萌发。

（3）微生物破壁法。

徐亚敏（2016）公开了“一种灵芝孢子粉的微生物破壁方法”。该方法先将灵芝孢子粉灭菌处理，采用灰色链霉菌作为溶壁菌对灵芝孢子进行破壁，使灵芝孢子粉的活性物质得到最大限度的保留，微生物发酵过程产生的微生物蛋白酶可协同强化灵芝孢子粉的功效。

5. 组合破壁法

在工业化生产中，以机械法或物理法为主，早期以球磨式振动磨超微粉碎破壁居多，但该方法存在处理量小、破壁时间长（一般1小时左右）、温度过高及金属棒的相互碰撞导致的金属碎屑残留等系列问题。通过实际调研的加工企业及行业情况数据，发现目前以对辊式挤压破壁居多，该方法金属辊不会直接接触产生金属碎屑，不会造成因金属直接碰撞而产生的高温。但若达到95%以上的破壁率也需要反复进行挤压破壁处理，一般也需1小时左右，且易产生扬尘。为了更高效地实现低温、短时、高破壁率等指标，很多研究尝试采用几种不同方法组合破壁的思路，即综合破壁法。具体的结合方式往往根据生产实际，通过机械与物理、机械与生物或化学等组合方法破壁。周萍等（2012）采用变温压差脆化结合超微粉碎技术进行灵芝孢子破壁研究，破壁率可达到99.5%。吴铁等（2019）将高压破壁与冷冻破壁相结合，即采用121 ℃，维持30分钟对灵芝孢子进行高压破壁；然后在65 ℃烤箱里烤干，再置于冰箱冷冻12~24小时，取出于65 ℃下烘干。该组合方法所得灵芝孢子破壁率可达99%以上。郝利民等（2019）采用灵芝菌丝体液态深层培养发酵液对灵芝孢子粉进行浸润式萌发培养和细胞壁酶解，干燥后进行液氮低温脆化处理，再结合机械破壁，所得灵芝孢子破壁率达90%以上。

（三）灵芝孢子破壁前后主要成分分析

灵芝孢子所含功效成分种类多，营养比较丰富，其中多种成分具有较好生理活性物质，如灵芝多糖类、三萜类、生物碱、甾醇类等。灵芝孢子粉作为中药饮片或保健食品主要是以灵芝多糖和三萜类含量作为功效评价指标。

1. 破壁对灵芝孢子粉多糖影响

破壁对灵芝孢子粉多糖的溶出和检测有较大的影响。目前灵芝孢子粉粗多糖的测定主要参照 2015 版《中华人民共和国药典》中灵芝多糖的检测方法。

黄晓兰等(2006)采用气相色谱-质谱(GC-MS)、高效液相色谱(HPLC)比较了破壁与不破壁灵芝孢子粉多糖的差异,用凝胶渗透色谱(GPC)分析了灵芝孢子粉多糖的相对分子质量及其分布。研究表明,灵芝孢子粉多糖得率因提取方法的不同而有差异,破壁后灵芝孢子粉多糖是破壁前的 1.7 倍;破壁前后多糖的组成完全相同,只是相对质量分数略有差异,都是由鼠李糖、阿拉伯糖、甘露糖、葡萄糖和半乳糖等组成的杂多糖,破壁后增加了一些相对分子质量较小的多糖。王方等(2020)参照 2015 版《中华人民共和国药典》四部通则测定了灵芝孢子粉破壁前后粗多糖含量,结果显示 10 批破壁与未破壁孢子粉粗多糖平均含量分别为 1.54%和 0.99%,破壁处理明显提升了灵芝孢子粉多糖的浸出率。

2. 破壁对灵芝孢子粉总三萜影响

破壁对灵芝孢子粉三萜类化合物含量影响明显。杨小英等(2010)采用分光光度法和 HPLC 法分别对破壁与不破壁灵芝孢子粉三萜类化合物的含量进行比较,得出破壁与不破壁灵芝孢子粉三萜类化合物的含量分光光度法分别为 4.26%、3.71%, HPLC 法为 2.84%、1.35%,从而得出三萜类化合物含量破壁灵芝孢子粉明显大于不破壁的灵芝孢子粉。王方等(2020)采用紫外-分光光度法对破壁和未破壁灵芝孢子粉中总三萜进行测定,得到总三萜平均含量分别为 4.22%和 2.32%,破壁处理可明显提高灵芝孢子粉总三萜含量。

二、灵芝孢子粉保鲜

灵芝孢子粉在破壁后的储存方法是否恰当,直接影响到产品的功效。破壁后的灵芝孢子呈黏湿粉末状,油性重,黏性大,这主要是由于灵芝孢子中含有 20%的三萜油脂化合物,破壁后溢出与孢子搅成了黏湿粉末状。因此,破壁后的灵芝孢子粉要低温避光、除湿,隔绝空气保存。一方面是防止灵芝孢子粉受潮变质,另一方面,也避免破壁后的灵芝孢子粉中的有效成分灵芝三萜与氧气接触,发生氧化反应而失去药效。

灵芝孢子粉并不是收集完之后就结束了,还要有一个晾晒的过程。晾晒可使灵芝孢子粉更加干燥,去除其中水分,从而使其灵芝孢子油的含量更高。然后再进行杀菌消毒、低温破壁,最大限度保证灵芝孢子粉纯度和其营养价值。灵芝孢子粉需要采用一定的保鲜工艺,主要原因是:

(1)灵芝孢子粉的储存时间比较短,一般从破壁后开始计算,在保存得当的情况下可以保存 1~2 年,如常见的灵芝孢子粉胶囊,标明的保质期可达 24 个月。

(2)灵芝孢子粉的储存要求很高,由于高温、阳光照射下很多的营养和活性物质会失效,因此需要低温、避光保存。

(3)灵芝孢子粉需要干燥的环境。灵芝孢子粉是粉末状,如果遇到水,不仅可能滋生细菌,而且还可能因回潮而丧失原有的很多功效。一般要求干燥孢子粉的含水量要低于 8%,用手掐起孢子粉轻捻会发出“嚓嚓”的声响,表明已经达到干燥标准。

(4)隔绝空气保存。灵芝孢子破壁后有被氧化的可能,破壁后的灵芝孢子粉中含有灵芝三萜,三萜与氧气接触会发生氧化反应而失去药效。因此需要在隔绝空气的密闭环境下储存。日常食用时可以将灵芝孢子粉的封口扎紧放入冰箱保鲜。

(一)灵芝孢子粉保鲜工艺的真空封闭设计

1. 真空封闭保鲜的目的

从上述灵芝孢子粉的保鲜工艺可以看出,灵芝孢子粉需要低温、避光、干燥的保鲜环境。但在实际的孢子粉生产过程中,不可避免地会与潮空气接触，发生回潮或氧化现象，影响灵芝孢子粉的品质。因此，需要从灵芝孢子粉的生产源头进行控制，采用一定的保鲜措施。

空气中的氧气、水分、微生物是引起食物受潮、变质、发霉的根源，想要灵芝孢子粉不变质，关键在于让灵芝孢子粉与空气隔离，而真空保鲜技术可达要求。其主要保鲜功效体现在：①避免受潮变质和细菌污染，影响灵芝孢子粉品质；②密封隔离空气，保持灵芝孢子粉的口感，延长灵芝孢子粉的保鲜期；③避免灵芝孢子粉在冰箱存储时相互串味、封住灵芝孢子粉特有的淡淡香味。

2. 真空封装设计方案

灵芝孢子粉真空保鲜就是利用了真空环境的密闭性，隔离空气避免了氧化和返潮等现象。而真空包装也可以缩小灵芝孢子粉产品的体积，节省包装成本。真空封闭保鲜的设计方案如下。

（1）真空干燥。首先，将收集到的灵芝孢子粉进行干燥处理。如果不能及时干燥处理的话，就很容易发霉变质，从而造成浪费或者是影响灵芝孢子粉的品质。但由于灵芝孢子粉不能采用高温干燥，因此采用低温真空干燥技术。将收集到的灵芝孢子粉倒入封闭的容器中，在低温的环境下，用真空泵抽出容器内的空气形成真空。灵芝孢子粉的水分，会在一定的真空度下达到或接近沸点而快速蒸发。使用真空干燥箱（FZG 04 型真空干燥箱，南京苏恩瑞干燥设备有限公司），真空压力为-0.085 兆帕，干燥时间为 60 分钟。与“沸腾干燥”相比，真空干燥更加均匀，几乎不会破坏灵芝孢子粉的活性成分。不仅能保证灵芝孢子粉的品质，而且更节能、更环保。

（2）破壁。灵芝孢子粉的破壁方法有：①采用物理机器的物理破壁法；②采用化学反应将灵芝孢子粉进行破壁的化学方法；③利用酶融化灵芝孢子粉外壁的生物酶解法；④在超低温的环境下，利用气流对撞进行破壁的超低温气流破壁法。这些方法各有优缺点，目前比较常用的是超低温气流破壁法，由于其破壁效果好、而且没有金属和化学物质残留,最大限度地保持了灵芝孢子粉的有效成分,因此成为了当前最好的破壁方法。

采用超低温气流破壁法进行破壁。将干燥后的灵芝孢子粉过200目筛,置于-15~0 ℃环境中真空干燥处理12小时;取出后在-15~0 ℃的低温环境下,用破壁机(YK-98型气流式破壁粉碎机,青州市益康中药机械配件厂)对灵芝孢子粉进行气流粉碎破壁,气流粉碎的压力为1.2兆帕,粉碎时间为25分钟。观察破壁后的灵芝孢子粉,颜色应为深褐色、味微苦,用水冲泡后水面有一层油花即为合格破壁产品。一般灵芝孢子粉破壁率>95%、细度在300~1800目时即可。

(3)表面杀菌。为了防止细菌污染,将破壁后的灵芝孢子粉放入密闭消毒柜中,用臭氧消毒柜(紫外线臭氧消毒柜,北京平安力合科技股份有限公司)灭菌60分钟,再加20分钟臭氧分解,臭氧发量设置为1000 mg/h,对灵芝孢子粉进行表面杀菌。

(4)真空充氮密封。将表面杀菌后的灵芝孢子粉再次进行真空干燥处理,利用真空干燥机进行干燥降温得到冷却后的灵芝孢子粉的装袋料。将装袋料装入真空袋中,同时将真空袋放入封口机(JCFH-2型氮气气调包装机,诸城市金超食品机械有限责任公司)进行封口,封口时由封口机边充氮气边封口。灵芝孢子粉的真空袋采用聚酰胺66(polyamide-66)材料,相对密度1.14~1.15,熔点259~267 ℃,具有耐磨、耐油、耐热和自润滑性能,拉伸强度为80.5兆帕,压缩强度91.0兆帕。符合灵芝孢子粉的食品安全和商品包装要求。

采用真空包装、自动封口技术。使真空袋中的包装真空度提高而残留空气减少。既有效抑制了细菌等微生物的污染,也避免了灵芝孢子粉的氧化、霉变;又使得灵芝孢子粉松散的结构变得紧实,可缩小包装体积,便于运输和贮存。采用氮气气调保鲜包装工艺,是将氮气通过封口机的混配器充入真空袋中,然后再封口,而氮气气调保鲜包装,能够使灵芝孢子粉的颜色、口感不发生变化,保持灵芝孢子粉新鲜的色泽和口感。氮气是一种惰性气体,具有保鲜、抑菌的作用,而且氮气气调包装的外观非常美观,不会像单纯真空包装发生孢子粉粉末变形、皱缩的情况,产品的外观包装形象更好,且易于打开。

(5)冷藏保存。将灵芝孢子粉的真空包装袋放入温度为<5 ℃的冷库中预冷 2 小时,然后放入湿度<-5 ℃的冷藏库中保存。

(二)灵芝孢子粉的日常保鲜方法

灵芝孢子粉破壁后的储存方法是否恰当,直接影响到其功效。消费者购买到的灵芝孢子粉没有保存好不仅会变质,更会影响保健治疗效果。开启服用后的日常保存方法是将灵芝孢子粉在冰箱低温环境下密封、避光保存。需要注意的是在冰箱里保存一定要注意灵芝孢子粉的密封问题,否则反而更容易受潮。

灵芝孢子粉需要密封保鲜。未服用完的灵芝破壁孢子粉,应当密封存放保鲜。如果家中有保鲜盒、密封袋等密封性比较好的器具,就可以将灵芝孢子粉放入保存;也可以采用一些自封袋、封口夹等来对打开的孢子粉产品包装袋进行密封;至少也应该用夹子、细绳或皮筋将袋口扎住,防止潮气、灰分和其他杂质混入袋中。

灵芝孢子粉在采收后先要进行晾晒,这也是第一道保鲜工艺。后期的生产过程中,灵芝孢子粉的保鲜工艺主要是要在低温环境下进行真空封装,一方面是为了防止孢子粉受热变质,影响疗效;另一面也是为了避免灵芝孢子粉发出异味,使灵芝破壁孢子粉服用起来口感更好。

而在日常服用过程中,即使是真空封闭保鲜灵芝孢子粉,在打开后依然会出现回潮、氧化。因此灵芝孢子粉的日常保鲜主要是除湿,隔绝空气的保鲜工艺,一般家庭放在低温、避光的冰箱中保鲜是一个不错的选择,而且还可以采用密封盒、自封袋等较为科学的方式进行保鲜,有条件的还可以采用铝箔封口袋等更为先进的保鲜方式。相关的生产企业也积极采取措施,采用了独立真空小包装、灵芝孢子粉胶囊等,避免因保鲜不当而引起的药效流失,最大限度地保持灵芝孢子粉的新鲜度。

三、灵芝孢子破壁及配制酒加工技术

工艺流程

灵芝孢子粉(超微粉碎处理)→精制白酒浸泡→非热浸提→过滤→离心→灌装→贴标→成品。

操作要点

1. 灵芝孢子粉的破壁处理

超微粉碎处理时注意食物与金属容器接触表面积的增加和温度的升高会增加不锈钢容器中铬的溶出率，在处理时注意灵芝孢子粉添加用量和增加循环水进行冷却。经过破壁处理后的灵芝孢子粉，尽快进行密封真空的包装，一方面防止含有的不饱和脂肪酸发生自动氧化，产生过氧化物继而降解成挥发性醛、酮和酸的复杂化合物；另一方面是微生物可把油脂分解为游离脂肪酸和甘油，这些脂肪酸经系列酶促反应会产生挥发性的低级酮，甘油则可被氧化成具有异臭的1,2-环氧丙醛，也即人们常说的酸败。

2. 优质白酒的酒精度

选用30%、50%、70% vol的白酒进行灵芝孢子粉的灵芝三萜、灵芝多糖和总色差的测定，浸提液中三萜成分溶出率与酒精度浓度呈正相关，多糖含量随着酒精度浓度提高而降低，而浸提液颜色(灵芝孢子 酒)随着酒精度浓度提高而加深。因此,选用酒精度为50%vol的白酒进行灵芝孢子酒的配制。

3. 非热提取处理

进行灵芝孢子粉浸提的工艺分为冷浸和热提取。其中冷浸一般将原料放入白酒中进行长时间的浸泡，效率较低；而热提取技术是通过一定的热处理将原料从白酒中提取，效率较高，但是操作比较繁琐。超声提取是一种快速高效的提取方法，其应用于破壁灵芝孢子粉的功能有效成分提取，既简便又能得到较高的功能成分含量。

4. 浸泡和产品周期

灵芝孢子粉经过提取后，再放入白酒中浸泡，通过一定时间的浸泡和多次的超声提取，可以达到灵芝孢子粉的利用最大化。同时分批处理，以配制酒中的固形物含量为指标，进入灵芝破壁孢子酒的生产周期。

5. 澄清工艺

配制酒中的醇溶性蛋白和多酚类化合物是以一定的相互作用形成聚合物造成灵芝孢子酒混浊的主要原因，采用高碳水化合物对蛋白质的吸附强于多酚类化合物的特性，经过一个最优的工艺选取，使总酚含量变化较小，保留了原酒的色度和抗氧化性，能达到澄清的效果。

6. 产品质量标准

感官要求及微生物限量应符合表 1 和表 2 的规定。

表 1　感官要求

项目	要求	检验方法
色泽	淡黄色或黄绿色	取样品 100 毫升，置于洁净烧杯中，在自然光线下目视、鼻嗅、口尝检验
澄清度	清亮透明，有光泽，无悬浮物，允许瓶底有少量沉淀物	
口味	醇厚、柔和、爽口、无异味	
香气	具有该品种特有的香气	
风格	具有该品种特有的风格	

表2 微生物限量

项目	采样方法及限量			检验方法
	n	*c*	*m*	
沙门氏菌	5	0	0/25 毫升	GB/T 4789.25
金黄色葡萄球菌	5	0	0/25 毫升	

n:采样个数;*c*:超过合格菌数限量的最大允许数;*m*:合格菌数限量。

第六节 灵芝菌糠利用

菌糠是食用菌类培养料在培养后遗留下来的废料,其中不仅含有较多的纤维素、半纤维素和木质素类物质,而且还含有丰富的菌丝残体蛋白、脂肪、氨基酸、矿物质,以及菌丝体的次生代谢物和钙、磷、钠、铜等多种微量元素。灵芝菌糠是灵芝子实体和灵芝孢子粉采收后的固体基质,是灵芝菌丝体和培养基质余料的复合体。灵芝菌糠主要成分有木屑、麦麸、玉米粉、残余灵芝菌丝等,富含有机质。食用菌对培养料营养成分的利用率约为 70%,因此,废菌糠中添加适当比例的新鲜培养料后,可作为食用菌培养料再利用对废菌糠进行二次利用生产食用菌,从经济效益角度分析,有利于提高资源转化率,利用废弃物,降低生产成本,增加农民收入;从社会发展角度分析,创造农民的就业机会,促进食用菌产业的快速发展,有效地实现农业可持续发展;从生态环境角度分析,既清理环境,又使废弃物再次创造价值。

一、灵芝菌糠栽培黑木耳

据张娣等(2013)研究报道介绍如下。

1. 废菌糠的前处理和准备

灵芝的培养料为木屑传统配方（木屑 78%，麸皮 20%，石膏 1%，石灰 1%）。将前一年栽培灵芝（2 个芝）的无污染的废菌糠，分别进行脱袋、晒干、粉碎备用。

2. 黑木耳品种及菌种的制备

（1）黑木耳品种。黑木耳 6 号，由黑龙江省林副特产研究所提供。出耳温度 12~28 ℃，子实体黑色光亮，耳片能充分展开，抗病力特强，耐高温，不易产生流耳。

（2）菌种制备培养基。制作母种培养基为 PDA，制作原种培养基为木屑培养料传统配方。

3. 栽培料制备

灵芝废菌糠 30%，新鲜培养料 70%；新鲜培养料配方：木屑 78%，麦麸 19%，石膏 1%，石灰 1%，白砂糖 1%。

根据配方将各种不溶于水的干料按比例混匀，再加入适量水充分混匀，使含水量达到约为 60% [V（料）：V（水）=1：（1.1 ~ 1.2）]，用石灰将 pH 值调至 7.5 ~ 8.0 。装袋机装袋，手指捏料袋外壁测松紧度，以有弹性、质硬、可见有指坑而不深为宜（17 厘米 × 35 厘米聚乙烯塑料袋以装湿料后质量 1.1 1.2 千克、料袋高约 20 厘米为宜）。采用常压蒸汽灭菌的方法。

4. 黑木耳栽培

将接种后的菌袋放在 20~23 ℃发菌室中避光培养，自然湿度。当黑木耳菌袋内菌丝达到生理成熟时，将菌袋下架，对菌袋开钉子眼，催耳芽。

二、灵芝菌糠栽培平菇

据刘军等（2000）研究报道介绍如下。

1. 菌株选择

选取抗杂力强、耐重水、生命力强的菌株科大四号平菇。

2. 灵芝菌糠料处理

出完三潮芝的菌袋，先脱袋，挖除感染部位，然后粉碎至玉米粒大小，再加入5%石灰水拌匀，在烈日下暴晒干后备用。

3. 栽培配方

（1）袋栽灵芝配方：杂木屑50%，棉壳3%，麦麸20%，石膏2%，pH值7~8，含水量60%。

（2）栽培平菇配方：处理过的灵芝菌糠料50%，木屑38%，麸皮5%，玉米粉3%，高粱粉3%，石膏1%，克霉灵0.1%，含水量60%。

4. 栽培方式

采用塑料袋栽法。将处理过的灵芝菌糠料与杂木屑先混合均匀，加水至含水量达50%，并加入克霉灵，调节pH值达8~10，然后堆起来让其自然发酵，当料堆温度达60 ℃时翻堆，经两次高温期后再按配方加入其他辅料，调节水分及pH值。料袋口径宜选2厘米×50厘米，装料后两头扎紧，常压灭菌10小时，然后闷8小时，冷却后在洁净环境中开放或两头接种，用种量约为5%。接种后5~10天菌袋两头换上套环，再覆双层报纸封口即可，然后继续发菌。菌袋一般呈“井”字形排列，若袋温过高，可摆成三角形，一般25天左右菌丝可布满袋。在高温期发菌必须严防烧菌，一定要加强发菌室通风散热，定时喷洒杀虫药物消灭害虫。

5. 出菇期管理

在发菌后期如想提前出菇，可于菌丝长至菌袋1/2时去掉套环处报纸，加大通风力度，提高湿度，拉大昼夜温差，提前催蕾，这样可边出菇边发菌，大大缩短生产周期。发菌中期直至出菇期，若遇高温天气，每天要向房内多次喷水，以降低袋温。采毕头潮菇后，不能立即向套环内打水，而应加大空气相对湿度。采完三潮菇后，若气温不太高，可采用墙式排列，并补充营养液；若气温较高，宜直接向袋内补充营养液，这样总生物效率可达300%~400%。

该栽培方式充分考虑到了灵芝与平菇在生活习性上的互补关系，以及灵芝菌糠料的高营养特性，因而无疑是合理利用废物的途径。虽采用塑料袋栽法，但辅之以自然两次发酵，使灭菌效果更为彻底。头两潮菇在套环内出，保证袋内水分不致散失太多，为高产打下基础。配方中辅料总量仅11%，使生产成本大为降低。

三、灵芝的板栗苞壳菌糠栽培平菇

据蕈宝山等(2011)研究报道介绍如下。

供试菌糠及其他原料。以板栗苞壳80%、米糠17%、石膏2%、KH_2PO_4 1%制成的培养基栽培灵芝(赤芝)。出芝后的废料即为本试验所用的板栗苞壳菌糠，选取其中洁净无霉变的部分晒干，粉碎备用；桑枝屑、玉米芯、米糠、石膏、砂糖等原料均购自当地加工厂或农贸市场。

1. 供试菌株

平菇天达300，引自江苏省扬州市江都区大达食用菌研究所，母种培养基为PDA培养基，扩繁1次，原种和栽培种均以谷粒为基质，按常规方法制作。

2. 栽培料配方

菌糠30%、桑枝屑40%、玉米芯10%、米糠17%、石膏2%、砂糖1%。

3. 栽培方法

(1)菌筒的制作。按上述配方称取原料，将主料(菌糠、桑枝屑和玉米芯)搅拌，然后加入一定量的水拌匀，堆置24小时后加入米糠、石膏和砂糖等辅料并充分拌匀，调节培养料的含水量，使之达到65%左右，用手捏紧培养料，以没有水滴出但在指缝间有水为适宜。将配制好的培养料装入14厘米×24厘米的聚丙烯菌袋中，边装边压，松紧适中，手压有弹性感为宜。用直径为1厘米的尖头木棒在培养料的中央打孔，深至菌袋中底部，扎好袋口。将装好料的菌袋置于高压灭菌锅内，121 ℃高压灭菌2小时，灭菌后待料温降至30 ℃以下时，在无菌条件下采取一头接种方式进行接种。

（2）培养发菌。把接种后的菌袋放入培养室进行菌丝培养，室内温度控制在20~30 ℃，空气相对湿度在70%以下，保持空气新鲜并遮光。随着菌丝的生长，新陈代谢释放的热量增加，菌袋和培养室的温度逐渐升高，通过通风换气及时散热降温，避免高温烧死菌丝。为了使菌筒发菌均匀，应每隔7天翻动1次菌袋，并定期检查菌袋有无杂菌感染，挑出被感染的菌袋，及时处理，防止其他菌袋受到感染。

（3）出菇管理及采收。菌丝长满菌袋后，搬入出菇房，打开菌袋扎口，用经过消毒的单面刀片划去菌筒上部老的菌种块，使下面新生的菌丝显露出来。增加菇房的光照，加强通风，增加空气湿度，控制菇房温度的变化，促进原基分化。当菌筒上出现珊瑚状菌蕾时，保持菇房空气清新，向地面、墙壁喷水以增加空气的相对湿度，使之保持在90%~95%，促使菌蕾从珊瑚期向成型期转化，提高成菇率。在菌盖直径达1厘米以后适当地向菌筒喷雾状水，当菇长至八分成熟时即采收，采菇后的菌棒转入二潮菇管理，共采收2~3潮菇。

板栗苞壳含有丰富的粗纤维，可将其用于栽培灵芝，经过灵芝菌丝一系列的生物降解和吸收利用后，菌糠中除了含有未完全降解和利用的纤维素、半纤维素、木质素外，还增加了灵芝菌体蛋白和次生代谢产物，为平菇的生长发育提供了丰富的碳素、氮素以及水溶性速效营养物质等。板栗苞壳栽培灵芝的菌糠，质地疏松、通透性强、持水性好，理化性状比较适合平菇菌丝生长。在以桑枝屑为主要原料栽培平菇的培养基中添加不同比例的灵芝菌糠，均能促进平菇菌丝生长，平菇产量和生物学效率与对照组的相当。从经济效益和物质循环再利用角度考虑，利用板栗苞壳栽培灵芝的菌糠种植平菇，可以降低生产成本，提高经济效益，对充分挖掘板栗苞壳在食用菌栽培方面的利用价值，促进食用菌菌糠的循环再利用，实现经济效益与生态效益的共同提高意义重大。

四、灵芝菌糠替代部分木屑栽培金针菇

据李忠等（2015）研究报道介绍如下。

1. 灵芝菌糠

其栽培配方为木屑 78%、麦麸 12%、玉米粉 8%、石膏 1%、白糖 1%。按料与水为 1∶1.5 的比例加水拌匀，分装到 17 厘米 × 33 厘米 × 0.005 厘米的聚丙烯塑料袋中，121 ℃下灭菌 2 小时，自然冷却后在超净工作台内接入定量（约 10 克/袋）灵芝原种，于 25~35 ℃下常规培养。采收灵芝孢子粉和子实体后，脱袋、晒干、粉碎成直径小于 0.5 厘米的灵芝菌糠颗粒备用。

2. 金针菇菌株

金针菇杂交 19，从福建三明真菌研究所引种栽培，具有抗高温、抗病能力较强的特点，适合南方地区栽培。

3. 母种与栽培种培养基

菌株采用综合马铃薯葡萄糖琼脂培养基（马铃薯 200 克浸出汁、葡萄糖 20 克、磷酸二氢钾 1 克、硫酸镁 0.5 克、琼脂 20 克，水 1000 毫升，pH 值自然）复壮。原种培养基为木屑 78%、麦麸 20%、白糖 1%、石膏 1%。

4. 金针菇栽培基本配方

木屑 70%、麦麸 25%、玉米粉 2%、白糖 1%、碳酸钙 1%、石膏

1%，以 20%灵芝菌糠颗粒替代基本配方中的木屑，其他辅料不变。每袋干料 300 克。培养料混合拌料高压灭菌（121 ℃，2 小时），冷却至 25 ℃左右，按 3%~5%的接种量接入原种，常规培养，当菇柄长到 13~18 厘米时采收子实体。

在金针菇传统培养料的基础上，以灵芝菌糠替代木屑栽培金针菇，其菌丝生长速度会随着量的增加而减慢，且呈曲线下降趋势；同时生物学效率较之传统培养料也有所下降。在灵芝菌糠添加量达到 30%后，对金针菇的主要农艺性状有一定影响，其子实体颜色会逐渐变深，坚挺度变差，同时其开伞菇和破碎菌柄比例有 3%~5%的增加。

灵芝菌糠替代木屑虽不同程度地影响金针菇菌丝生长速度，但对其产量影响不明显，且能节约生产成本，提高经济效益。用 20%灵芝菌糠替代木屑的培养料效果较好，经济效益比传统培养料高 7.15%。

五、灵芝菌糠制作蚯蚓饲料

据李凤美等（2018）研究报道介绍如下。

1. 灵芝菌糠

木屑含量占 40%。牛粪来自天津静海区大丰堆镇奶牛养殖场；蚯蚓品种为太平二号，由天津市百鸣科技发展有限公司提供。

2. 菌糠前处理方法

将菌糠分拣、去除杂物、捣碎，加 1.5%的生石灰，调节含水量至 60%~65%，分别建成宽 2~3 米，高 1 米，长度不限的梯形堆，自然发酵 25~28 天。当堆温升至 60 ℃时进行翻堆，把底部的料和中间的料翻到边缘，原来边缘的料翻到中间，同时抖松、拌匀。以后每隔 5 天翻堆 1 次，一般翻堆 3~6 次即发酵结束。木耳菌糠可延长发酵时间 2~3 天。发酵好的料呈茶褐色、无臭味、无酸味，质地松软，有机质充分腐化和分解，手抓有弹性。

3. 蚯蚓饲料的配置

将已发酵好的灵芝菌糠按 1 : 3 的比例与牛粪进行混合，其中菌糠含水量在 60%，牛粪为鲜牛粪，含水量约为 50%，配制好后备用。

4. 蚯蚓饲养方法

试验选择长 3 米、宽 2.5 米的长方形地块，采用堆垄方式分别将混合好的饲料铺在地块上，高度为 20 厘米左右，在垄间投放生长两个月的蚯蚓 0.5 千克/平方米（约 2000 条）。保持湿度在 50%左右，培养 40 天后蚯蚓吞食消解后，分别收集各试验地块的蚯蚓。

蚯蚓饲料中适量添加菌糠对蚯蚓繁殖生长能起到促进作用，但菌糠的添加量应适中，尤其是木屑含量多的菌糠，应控制好添加比例，实际生产中应先进行小规模的试验，再扩大应用量，保证蚯蚓正常生长繁殖。

参考文献

[1] 胡献国，胡爱萍等. 延年益寿上品：灵芝. 北京：人民军医出版社，2009：26~75.

[2] 严泽湘，严清波. 灵芝与茯苓栽培及加工利用. 贵州：贵州科技出版社，2007：1~69.

[3] 任其云，李允祥. 食用菌加工技术. 北京：农村读物出版社，1991：67~243.

[4] 李利，陈莎. 菇菌产品加工技术. 北京：化学工业出版社，2015：30~313.

[5] 王守东. 灵芝百问. 北京：中国中医药出版社，2015：18~71.

[6] 林志彬. 灵芝的现代研究. 北京：北京大学医学出版社，2001：32~33.

[7] 郭立忠. 天麻 灵芝 高产栽培与加工利用. 北京：金盾出版社，

2001:48~66.

[8] 常刚,魏晓奕等. 灵芝孢子破壁及配制酒加工技术[J]. 热带农业工程,2006,11(40)24~26.

[9] 陈启武. 灵芝玉液酒的研制[J]. 湖北农学院学报 1996, 16(4):312~313.

[10] 李玉忠. 灵芝豆奶饮料的加工工艺[J]. 食用菌,2001(6):34~35.

[11] 李远志,赵玲华等. 灵芝奶茶饮料的加工技术研究[J]. 食品工业科技,2003(8):64~65.

[12] 李灿,闫亚波等. 灵芝菌丝粉工厂化生产技术[J]. 食用菌, 2011(4):55.

[13] 徐济责,唐玉琴等. 灵芝液体发酵花生乳饮料的研制[J]. 饮料工业,2009(4):25~27.

[14] 马超,马传贵等. 灵芝孢子粉破壁技术及灵芝类保健食品开发研究进展[J]. 中国食用菌 2020,39(12):8~12,17.

[15] 张冰冰. 灵芝孢子粉保鲜工艺的真空封装设计[J]. 中国食用菌 2020,39(9):82~84.

[16] 田娟,何佳等. 灵芝米酒的制作工艺与发酵条件研究[J]. 河南农业大学学报,2001(1):43~46.

[17] 李路娟,杜新刚等. 发酵型灵芝枸杞西红柿酒的研制[J]. 酿酒, 2005(5):90~91.

[18] 李书国,陈辉等. 功能性灵芝苹果醋酸发酵饮料的研究[J]. 中国酿造,2001(10)10~13.

[19] 饶绍信. 猴头啤酒和灵芝啤酒的研制[J]. 江西科学, 2000(3):173~175.

[20] 黄书铭,刘培丽等. 灵芝酸奶制作工艺与营养[J]. 饮料工业, 2004(1):16~18.

[21] 张娣,姜国胜等. 菌糠二次利用栽培黑木耳试验研究[J]. 菌物研究,2013(3):186~188.

[22] 覃宝山,赵媛娟等. 灵芝的板栗苞壳菌糠栽培平菇试验[J]. 江苏农业科学, 2011(1):296~297.
[23] 刘军、王照亮. 灵芝菌糠料栽培平菇技术[J]. 食用菌,2000(9):25.
[24] 李忠,曾振基. 灵芝菌糠替代部分木屑栽培金针菇的研究[J]. 中国食用菌,2015,34(1):26~28,43.
[25] 李凤美,张志军等. 木腐菌类菌糠制作蚯蚓饲料饲养试验[J]. 食用菌,2018,34(1):77~78.

附　录

附录1　食用菌菌种生产技术规程 NY/T 528—2010

（2010年5月20日发布，2010年9月1日实施）

1　范围

本标准规定了各种食用菌菌种生产的场地、厂房设置和布局、设备设施、使用品种、生产工艺流程、技术要求、标签、标志、包装、运输和贮存等。

本标准适用于不需要伴生菌的各种各级食用菌菌种生产。

2　规范性引用文件

下列文件对于本文件的应用是必不可少的。凡是注日期的引用文件，仅注日期的版本适用于本文件。凡是不注日期的引用文件，其最新版本（包括所有的修改单）适用于本文件。

GB 191　包装储运图示标志（GB 191—2008，ISO 780：1997，MOD）

GB 9688　食品包装用聚丙烯成型品卫生标准

GB/T 12728—2006　食用菌术语

NY/T 1742—2009　食用菌菌种通用技术要求

3　术语和定义

GB/T 12728—2006界定的术语，以及下列术语和定义适用于本文件。为了便于使用，以下重复列出了 GB/T 12728—2006 中的一些术语和定义。

3.1 食用菌 edible mushroom

可食用的大型真菌，包括食用、食药兼用和药用三大类用途的种类。

注：改写 GB/T 12728—2006，定义 2.1.4。

3.2 品种 variety

经各种方法选育出来的具特异性、一致（均一）性和稳定性可用于商业栽培的食用菌纯培养物。

[GB/T 12728—2006，2.5.1]

3.3 菌种 spawn

生长在适宜基质上具结实性的菌丝培养物，包括母种、原种和栽培种。

[GB/T 12728—2006，2.5.6]

3.4 母种 stock culture

经各种方法选育得到的具有结实性的菌丝体纯培养物及其继代培养物。也称一级种、试管种。

[GB/T 12728—2006，2.5.7]

3.5 原种 mother spawn

由母种移植、扩大培养而成的菌丝体纯培养物。也称二级种。

[GB/T 12728—2006，2.5.8]

3.6 栽培种 planting spawn

由原种移植、扩大培养而成的菌丝体纯培养物。栽培种只能用于栽培,不可再次扩大繁殖菌种。也称三级种。

[GB/T 12728—2006,2.5.9]

3.7 种木 wood-pieces

采用一定形状和大小的木质颗粒或树枝培养的纯培养物,也称种粒或种枝。

注:改写 GB/T 12728—2006,定义 2.5.24。

3.8 固体培养基 solid medium

以富含木质纤维素或淀粉类天然物质为主要原料,添加适量的有机氮源和无机盐类,具一定水分含量的培养基。常用的主要原料有木屑、棉籽壳、秸秆、麦粒、谷粒、玉米粒等,常用的有机氮源有麦麸、米糠等,常用的无机盐类有硫酸钙、硫酸镁、磷酸二氢钾等。固体培养基包括以阔叶树木屑为主要原料的木屑培养基、以草本植物为主要原料的草料培养基、以禾谷类种子为主要原料的谷粒培养基、以粪草为主要原料的粪草发酵料培养基、以种粒或种枝为主要原料的种木培养基、以棉籽壳为主要原料的棉籽壳培养基等。

3.9 种性 characters of variety

食用菌的品种特性,是鉴别食用菌菌种或品种优劣的重要标准之一。一般包括对温度、湿度、酸碱度、光线和氧气的要求,抗逆性、丰产性、出菇迟早、出菇潮数、栽培周期、商品质量及栽培习性等农艺性状。

注:改写 GB/T 12728—2006,定义 2.5.4。

3.10 批次 spawn batch

同一来源、同一品种、同一培养基配方、同一天接种、同一培养条件和质量基本一致的符合规定数量的菌种。每批次数量母种≥5 支、原种≥200 瓶(袋)、栽培种≥2000 瓶(袋)。

4 要求

4.1 技术人员

应有与菌种生产所需要的技术人员,包括检验人员。

4.2 场地选择

4.2.1 基本要求

地势高,干燥,通风良好,排水畅通,交通便利。

4.2.2 环境卫生要求

300 米之内无规模养殖的禽畜舍、垃圾和粪便堆积场,无污水、废气、废渣、烟尘和粉尘污染源,50 米之内无食用菌栽培场、集贸市场。

4.3 厂房设置和布局

4.3.1 设置和建造

4.3.1.1 总则

有各自隔离的摊晒场、原材料库、配料分装室(场)、灭菌室、冷却室、接种室、培养室、贮存室、菌种检验室等。厂房从结构和功能上应满足食用菌菌种生产的基本需要。

4.3.1.2 摊晒场

地面平整、光照充足、空旷宽阔、远离火源。

4.3.1.3 原材料库

防雨防潮,防虫、防鼠、防火、防杂菌污染。

4.3.1.4 配料分装室(场)

水电方便,空间充足。如安排在室外,应有天棚,防雨防晒。

4.3.1.5　灭菌室

水电安装合理，操作安全，通风良好，排气通畅、进出料方便，热源配套。

4.3.1.6　冷却室

洁净、防尘、易散热。

4.3.1.7　接种室

防尘性能良好，内壁和屋顶光滑，易于清洗和消毒，换气方便，空气洁净。

4.3.1.8　培养室和贮存室

内壁和屋顶光滑，便于清洗和消毒；墙壁厚度适当，利于控温、控湿，便于通风；有防虫防鼠措施。

4.3.1.9　菌种检验室

水电方便，利于装备相应的检验仪器和设备。

4.3.2　布局

应按菌种生产工艺流程合理安排布局，无菌区与有菌区有效隔离。

4.4　设备设施

4.4.1　基本设备

应具有磅秤、天平、高压灭菌锅或常压灭菌锅、净化工作台或接种箱、调温设备、除湿设备、培养架、恒温箱或培养室、冰箱或冷库、显微镜等及常规用具。高压灭菌锅应使用经有资质部门生产与检验的安全合格产品。

4.4.2　基本设施

配料、分装、灭菌、冷却、接种、培养等各环节的设施应配套。冷却室、接种室、培养室和贮存室都要有满足其功能的基本配套设施，如控温设施、消毒设施。

4.5 使用品种和种源

4.5.1 品种

从具相应技术资质的供种单位引种，且种性清楚。不应使用来历不明、种性不清、随意冠名的菌种和生产性状未经系统试验验证的组织分离物做种源生产菌种。

4.5.2 种源质量检验

母种生产单位每年在种源进入扩大生产程序之前，应进行菌种质量和种性检验，包括纯度、活力、菌丝长势的一致性、菌丝生长速度、菌落外观等，并做出菇试验，验证种性。种源出菇试验的方法及种源质量要求，应符合 NY/T 1742—2009 中 5. 4 的规定。

4.5.3 移植扩大

母种仅用于移植扩大原种，一支母种移植扩大原种不应超过 6 瓶(袋)；原种移植扩大栽培种，一瓶谷粒种不应超过 50 瓶(袋)，木屑种、草料种不应超过 35 瓶(袋)。

4.6 生产工艺流程

培养基配制→分装→灭菌→冷却→接种→培养(检查)→成品。

4.7 生产过程中的技术要求

4.7.1 容器

4.7.1.1 使用原则

每批次菌种的容器规格要一致。

4.7.1.2 母种

使用玻璃试管或培养皿。试管的规格 18 毫米× 180 毫米或 20 毫米× 200 毫米。棉塞要使用精梳棉或化纤棉，不应使用脱脂棉；也可用硅胶塞代替棉塞。

4.7.1.3 原种

使用850毫升以下、耐126 ℃高温的无色或近无色的、瓶口直径≤4厘米的玻璃瓶或近透明的耐高温塑料瓶，或12厘米× 28厘米耐126 ℃高温符合GB 9688卫生规定的聚丙烯塑料袋。各类容器都应使用棉塞，棉塞应符合4.7.1.2规定；也可用能满足滤菌和透气要求的无棉塑料盖代替棉塞。

4.7.1.4 栽培种

使用符合4.7.1.3规定的容器，也可使用17厘米× 35厘米耐126 ℃高温符合GB 9688卫生规定的聚丙烯塑料袋。各类容器都应使用棉塞或无棉塑料盖，并符合4. 7.1. 3规定。

使用耐126 ℃高温的具孔径0.2~0. 5微米无菌透气膜的聚丙烯塑料袋，长宽厚为630毫米× 360毫米× 80微米，无菌透气膜2个，大小35毫米× 35毫米，或495毫米× 320毫米× 60微米，无菌透气膜1个，大小35毫米× 35毫米。

4.7.2 培养原料

4.7.2.1 化学试剂类

化学试剂类原料如硫酸镁、磷酸二氢钾等，要使用化学纯或以上级别的试剂。

4.7.2.2 生物制剂和天然材料类

生物制剂如酵母粉和蛋白胨，天然材料如木屑、棉籽壳、麦麸等，要求新鲜、无虫、无螨、无霉、洁净、干燥。

4.7.3 培养基配方

4.7 3.1 母种培养基

一般应使用附录A中第A.1章规定的马铃薯葡萄糖琼脂培养基（PDA）或第A.2章规定的综合马铃薯葡萄糖琼脂培养基（CPDA），特殊种类需加入其生长所需特殊物质，如酵母粉、蛋白胨、麦芽汁、麦芽糖等，但不应过富。严格掌握pH值。

4.7.3.2 原种和栽培种培养基

根据当地原料资源和所生产品种的要求,使用适宜的培养基配方(见附录 B),严格掌握含水量和 pH 值,培养料填装要松紧适度。

4.7.4 灭菌

培养基配制后应在 4 小时内进锅灭菌。母种培养基灭菌 0.11~0.12 兆帕，30 分钟。木屑培养基和草料培养基灭菌 0.12 兆帕，1.5 小时或 0.14~0.15 兆帕,1 小时;谷粒培养基、粪草培养基和种木培养基灭菌 0.14~0.15 兆帕, 2.5 小时。装容量较大时,灭菌时间要适当延长。灭菌完毕后,应自然降压,不应强制降压。常压灭菌时,在 3 小时之内使灭菌室温度达到 100 ℃,保持 100 ℃ 10~12 小时。母种培养基、原种培养基、谷粒培养基、粪草培养基和种木培养基,应高压灭菌,不应常压灭菌。灭菌时应防止棉塞被冷凝水打湿。

4.7.5 灭菌效果的检查

母种培养基随机抽取 3%~5%的试管,直接置于 28 ℃恒温培养;原种和栽培种培养基按每次灭菌的数量随机抽取 1%作为样品,挑取其中的基质颗粒经无菌操作接种于附录 A.1 规定的 PDA 培养基中,于 28 ℃恒温培养;48 小时后检查,无微生物长出的为灭菌合格。

4.7.6 冷却

冷却室使用前要进行清洁和除尘处理,然后转入待接种的原种瓶(袋)或栽培种瓶(袋),自然冷却到适宜温度。

4.7.7 接种

4.7.7.1 接种室(箱)的基本处理程序

清洁→搬入接种物和被接种物→接种室(箱)的消毒处理。

4.7.7.2 接种室(箱)的消毒方法

应药物消毒后,再用紫外灯照射。

4.7.7.3　净化工作台的消毒处理方法

应先用 75%酒精或新洁尔灭溶液进行表面擦拭消毒，之后预净 20 分钟。

4.7.7.4　接种操作

在无菌室（箱）或净化工作台上严格按无菌操作接种。每一箱（室）接种应为单一品种，避免错种，接种完成后及时贴好标签。

4.7.7.5　接种点

各级菌种都应从容器开口处一点接种，不应打孔多点接种。

4.7.7.6　接种室（箱）后处理

接种室（箱）每次使用后，要及时清理清洁，排除废气，清除废物，台面要用 75%酒精或新洁尔灭溶液擦拭消毒。

4.7.8　培养室处理

在使用培养室的前两天，采用无扬尘方法清洁，并进行药物消毒杀菌和灭虫。

4.7.9　培养

不同种类或不同品种应分区培养。根据培养物的不同生长要求，给予其适宜的培养温度（多在室温 20~24 ℃），保持空气相对湿度在 75%以下，通风，避光。

4.7.10　培养期的检查

各级菌种培养期间应定期检查，及时拣出不合格菌种。

4.7.11　入库

完成培养的菌种要及时登记入库。

4.7.12　记录

生产各环节应详细记录。

4.7.13 留样

各级菌种都应留样备查，留样的数量应以每个批号3支（瓶、袋）。草菇在13~16 ℃贮存；除竹荪、毛木耳的母种不适于冰箱贮存外，其他种类有条件时，母种于4~6 ℃贮存；原种和栽培种于1~4 ℃下，贮存至使用者购买后在正常生产条件下该批菌种出第一潮菇（耳）。

5 标签、标志、包装、运输和贮存

5.1 标签、标志

出售的菌种应贴标签。注明菌种种类、品种、级别、接种日期、生产单位、地址电话等。外包装上应有防晒、防潮、防倒立、防高温、防雨、防重压等标志，标志应符合GB 191的规定。

5.2 包装

母种的外包装用木盒或有足够强度的纸盒，原种和栽培种的外包装用木箱或有足够强度的纸箱，盒（箱）内除菌种外的空隙用轻质材料填满塞牢。盒（箱）内附使用说明书。

5.3 运输

各级菌种运输时不得与有毒有害物品混装混运。运输中应有防晒、防潮、防雨、防冻、防震及防止杂菌污染的设施与措施。

5.4 贮存

应在干燥、低温、无阳光直射、无污染的场所贮存。草菇在13~16 ℃贮存；除竹荪、毛木耳母种不适于冰箱贮存外，其他种类有条件时，母种于4~6 ℃、原种和栽培种于1~4 ℃的冰箱或冷库内贮存。

附录 A
（规范性附录）
母种常用培养基及其配方

A.1　PDA 培养基（马铃薯葡萄糖琼脂培养基）

马铃薯 200 克（用浸出汁），葡萄糖 20 克，琼脂 20 克，水 1000 毫升，pH 值自然。

A.2　CPDA 培养基（综合马铃薯葡萄糖琼脂培养基）

马铃薯 200 克（用浸出汁），葡萄糖 20 克，磷酸二氢钾 2 克，硫酸镁 0.5 克，琼脂 10 克，水 1000 毫升，pH 值自然。

附录 B
（规范性附录）
原种和栽培种常用培养基配方及其适用种类

B.1　以木屑为主料的培养基配方

见 B.1.1、B.1.2、B.1.3，适用于香菇、黑木耳、毛木耳、平菇、金针菇、滑菇、猴头菇、真姬菇等多数木腐菌类。

B.1.1　阔叶树木屑 78%，麸皮 20%，糖 1%，石膏 1%，含水量 58% ± 2%。

B.1.2　阔叶树木屑 63%，棉籽壳 15%，麸皮 20%，糖 1%，石膏 1%，含水量 58% ± 2%。

B.1.3　阔叶树木屑 63%，玉米芯粉 15%，麸皮 20%，糖 1%，石膏

1%,含水量 58% ± 2%。

B.2 以棉籽壳为主料的培养基配方

见 B.2 .1、B.2.2、B.2 .3、B.2.4,适用于黑木耳、毛木耳、金针菇、滑菇、真姬菇、杨树菇、鸡腿菇、猴头菇、侧耳属等多数木腐菌类。

B.2.1 棉籽壳 99%,石膏 1%,含水量 60% ± 2%。

B.2.2 棉籽壳 84%~89%,麦麸 10%~15%,石膏 1%,含水量 60% ± 2%。

B.2.3 棉籽壳 54%~69%,玉米芯 20%~30%,麦麸 10%~15%,石膏 1%,含水量 60% ± 2%。

B.2.4 棉籽壳 54%~69%,阔叶树木屑 20%~30%,麦麸 10%~15%,石膏 1%,含水量 60% ± 2%。

B.3 以棉籽壳或稻草为主的培养基配方

见 B.3.1、B.3.2、B.3.3,适用于草菇。

B.3.1 棉籽壳 99%,石灰 1%,含水量 68% ± 2%。

B.3.2 棉籽壳 84%~89%,麦麸 10%~15%,石灰 1%,含水量 68% ± 2%。

B.3.3 棉籽壳 44%,碎稻草 40%,麦麸 15%,石灰 1%,含水量 68% ± 2%。

B.4 发酵料培养基配方

见 B.4 .1、B.4 .2,适用于双孢蘑菇、双环蘑菇、巴氏蘑菇等蘑菇属的种类。

B.4.1 发酵麦秸或稻草(干)77%,发酵牛粪粉(干)20%,石膏粉 1%,碳酸钙 2%,含水量 68% ± 1%,pH 值 7.5。

B.4.2 发酵棉籽壳(干)97%,石膏粉 1%,碳酸钙 2%,含水量 55% ± 1%,pH 值 7.5。

B.5　谷粒培养基

小麦、谷子、玉米或高粱 97%~98%，石膏 2%~3%，含水量 50% ± 1%，适用于双孢蘑菇、双环蘑菇、巴氏蘑菇等蘑菇属的种类，也可用于侧耳属各种和金针菇的原种。

B.5　以种木（枝）为主料的培养基

阔叶树种木 70%~75%，附录 B. 1.1 配方的培养基 20%~30%。适用于多数木腐菌类。

附录 2　食用菌菌种中杂菌及害虫的检验 NY/T 1284-2007

（2007 年 4 月 17 日发布，2007 年 7 月 1 日实施）

1　范围

本标准规定了食用菌菌种中杂菌及害虫的检验方法。

本标准适用于食用菌母种、原种和栽培种中杂菌及害虫的检验。

2　规范性引用文件

下列文件中的条款通过本标准的引用而成为本标准的条款。凡是注日期的引用文件，其随后所有的修改单（不包括勘误的内容）或修订版均不适用于本标准，然而，鼓励根据本标准达成协议的各方研究是否可使用这些文件的最新版本。凡是不注日期的引用文件，其最新版本适用于本标准。

GB/T 4789.28—2003　食品卫生微生物学检验染色法、培养基和试剂

GB/T 12728—1991　食用菌术语

3 术语和定义

GB/T 12728—1991 确立的以及下列术语和定义适用于本标准。

3.1 杂菌 competitor fungi,bacteria

按照 GB/T 12728—1991 中 2.6.1 对杂菌的定义。

3.2 害虫 pests

各种为害食用菌的昆虫和螨类。

4 原理

食用菌菌种是纯培养物,当食用菌菌种中有杂菌和害虫发生时,引起培养物表面或内部异样,可通过观察、培养进行检验。

5 培养基

5.1 营养肉汤培养基,按 GB/T 4789.28—2003 中 4.8 规定执行。

5.2 马铃薯葡萄糖琼脂(PDA)培养基,按 GB/T 4789.28—2003 中 4.78 规定执行。

6 仪器和设备

6.1 恒温培养箱。

6.2 恒温摇床。

6.3 天平:0~500 克,感量为 0.1 克。

6.4 超净工作台。

6.5 高压灭菌锅。

6.6 显微镜。

6.7 放大镜和解剖镜。

7　检验及判定

7.1　杂菌检验及判定

7.1.1　感官检验:用放大镜观察培养物表面有无光滑、润湿的黏稠物;在棉花塞、瓶颈交接处、菌棒接种口处或培养基面上有无与正常菌丝颜色不同的霉菌斑点;打开装有菌种的瓶、袋或试管盖(或棉塞),鼻嗅是否有酸、腥臭等异味。若出现上述三种情况之一,判定有杂菌污染。

7.1.2　镜检:在培养物异样部位取少量菌丝体制片,于显微镜下观察,若有不同粗细菌丝或异样孢子存在,判定有杂菌污染。

7.1.3　培养检验

7.1.3.1　在无菌条件下,于培养物上、中、下三个部位取大豆粒大小的菌种,接入装有 10 毫升营养肉汤培养基的试管内,每个取样部位做 3 个重复。同时设 3 个不接种的营养肉汤培养基试管为空白对照, 3 个接种大肠杆菌的营养肉汤培养基试管为阳性对照。在 35~38 ℃条件下振荡培养 18~24 小时,观察培养液是否变混浊。若培养液混浊,则判断有细菌污染。

7.1.3.2　在无菌条件下,于培养物上、中、下三个部位取大豆粒大小的菌种,接在 PDA 平板上,每个部位取样 3 次。设 3 个不接种的 PDA 平板为空白对照, 3 个接种正常菌丝的 PDA 平板为阴性对照。在 25~28 ℃条件下倒置培养 3~5 日,观察菌丝颜色、生长速度、菌落特征、有无孢子产生等,与阴性对照相比较,若无不同,则判定无霉菌污染。若有不同,则判定有霉菌污染。

7.2　害虫检验及判定

从待检样品的不同部位取出少量培养物,放于白色搪瓷盘上,均匀铺开,用放大镜或解剖镜观察害虫的卵、幼虫、蛹或成虫,判定有无害虫。

附录 3 食用菌生产技术规范 NY/T2375-2013

（2013 年 5 月 20 日发布，2013 年 8 月 1 日实施）

1 范围

本标准规定了食用菌生产中对栽培场地和场所环境、生产投入品、培养料制备、接种、发菌期管理、出菇期管理、病虫害防控、采收、修整、包装、保鲜、运输和储存的技术要求。

本标准适用于农业设施条件下各类腐生型食用菌的生产。

2 规范性引用文件

下列文件对于本文件的应用是必不可少的。凡是注日期的引用文件，仅注日期的版本适用于本文件。凡是不注日期的引用文件，其最新版本（包括所有的修改单）适用于本文件。

GB 5749 生活饮用水卫生标准

GB/T 冷藏食品物流包装、标志、运输和储存

3 术语和定义

下列术语和定义适用于本文件。

3.1 菌渣 spent substrate

栽培食用菌后的废弃培养料。

4 技术要求

4.1 栽培场地和场所环境

4.1.1 栽培场地环境

生产场地应清洁卫生、地势平坦、排灌方便,有饮用水源;生态环境良好,周边 5 千米以内无化学污染源, 1 千米内无工业废弃物; 100 米内无集市、水泥厂、石灰厂、木材加工厂等扬尘源;50 米之内无禽畜舍、垃圾场和死水池塘等危害食用菌的病虫滋生地;距公路主干线 200 米以上;远离医院,避开学校和公共场所;空气质量应符合表 1 的规定。

表 1 环境空气质量要求

项目	浓度限值	
	日平均	小时平均
总悬浮颗粒物(标准状态),mg/m^3	≤0.3	—
二氧化硫(标准状态),mg/m^3	≤0.25	≤0.7
氟化物(标准状态),$\mu g/m^3$	≤7	—
注:日平均指任何 1 日的平均浓度,1 小时平均值任何 1 小时的平均浓度。		

4.1.2 菇房(棚)

各类温室、拱棚、大棚等园艺设施均可用作菇房;夏季要搭建荫棚。除设施的主体结构外,还应配备调节温度和光线的棚膜、草帘、草苫、保温被、遮阳网等;菇房(棚)入口处应采用黑色塑料膜或遮阳网搭建长 3~4 米的黑色缓冲间;通风处和门窗应安装孔径为 0.21~0.25 米的防虫网防虫。要求通风良好、可密闭;菇房(棚)内应有生产用水源。

4.1.3　设施布局与建造

应根据场地特点和生产要求合理布局，生产区与原料库、成品库、生活区应严格分开。要根据食用菌生产的特点，合理安排培养料制备、灭菌、冷却、接种、养菌、出菇等各工段所需设施和空间，满足食用菌不同生长阶段对环境条件的要求。做到人流与物流的分离、有菌区与无菌区的隔离。

栽培环境控制系统、水电等设施应和生产规模相匹配，并符合相关质量安全标准，保证人身安全。锅炉、灭菌锅等压力容器，应通过相关部门检验合格后使用，并定期检查、维护和校验。

4.1.4　场所前处理

4.1.4.1　清洁整理

菇房使用前应清洁整理，清除杂物、杂草等，做好排水沟；园艺设施内要平整土地，以利排灌。

4.1.4.2　灭虫和消毒

清洁整理后应进行灭虫和消毒处理。使用杀虫剂进行灭虫，施药方法参见附录 A，施药后密闭 48~72 小时。

新菇房宜在地面撒一薄层石灰粉消毒；老菇房宜用消毒剂处理，处理方法参见附录 A，封闭消毒 48~72 小时。

4.1.5　田园（场地）清洁

随时及时清除废弃物、杂物等，保持栽培场地内外及周边的清洁。过于干燥或扬尘发生天气进行必要的喷水降尘。

4.1.6　场所后处理

栽培结束后，菇房应及时处理，及时清除菌渣并运离栽培场所，清洁后应进行灭虫和消毒处理，方法按 4.1.4 执行。灭虫消毒后通风干燥。空闲季节的各类园艺设施应掀膜通风晒地，直至下次使用。

4.2 生产投入品

4.2.1 栽培基质

4.2.1.1 栽培使用的主料、辅料应来自安全生产农区，无虫、无螨、无霉变、无腐烂。不应使用来源于污染农田或污灌区农田的原料。

4.2.1.2 栽培原料应在通风、干燥的环境中贮存，防止滋生螨、害虫和霉变。使用前应在阳光下翻晒，拣出霉变严重材料并做无害化处理。

4.2.1.3 对木屑等原料的堆制期有特殊要求的食用菌，应按照生产实际对原料进行处置。

4.2.2 化学添加剂

参见附录B。

4.2.3 覆土

除草炭土外，覆土应来自清洁农田，不应使用污染农田或污灌区农田的土壤做覆土；覆土使用前应采用物理方法进行消毒和灭虫，如暴晒、热处理。

4.2.4 生产用水

培养料制备、出菇期喷水和补水均应使用符合GB 5749要求的生活饮用水。

4.2.5 其他要求

参见附录C、附录D。

4.3 培养料制备

4.3.1 根据种类、品种的不同，选择适宜的配方。

4.3.2 根据种类、品种、基质、季节、气候、栽培方式的不同，选择适宜大小的容器、适宜的含水量。

4.3.3 分装松紧度应适宜,使用适宜的搬运容器,整筐装运;分装和灭菌应尽快完成,夏季拌料到灭菌应在 8 小时之内完成。

4.3.4 严格灭菌,常压灭菌应在入锅 2 小时内上汽。

4.3.5 灭菌完成后的料袋要整筐出锅、搬运,洁净冷却。冷却场所应事先消毒、灭虫、沉落空气中的尘埃,冷却中应防尘、防雨、防鼠。

4.3.6 发酵料栽培的蘑菇属(Agaricus)培养料,应做好二次发酵,并发酵均匀,最终成为适宜蘑菇生长而不利于杂菌生长的选择性培养基。

4.4 接种和发菌期管理

4.4.1 接种

接种工具、接种箱、接种室等在使用前应进行洁净和消毒处理。接种应按无菌操作进行,接种量应适量,不应过低。

4.4.2 发菌期管理

发菌场所的气温.应控制在低于所培养食用菌的菌丝生长最适温度 2~6 ℃,袋内料温最高不应超过所培养食用菌的菌丝生长最适温度 3 ℃。料温过高时,应采取疏散、通风、淋水等降温措施。空气相对湿度应≤75%,难以控制时应加强通风。

4.5 出菇期管理

4.5.1 环境控制

根据栽培种类和品种的不同,适当调控菇房温度,使其低于该品种的出菇最适温度;空气相对湿度应控制在 80%~90%;注意通风换气。

4.5.2 养菌与补水

采收后应提高菇房温度,降低空气相对湿度,养菌。需要补水的种类,养菌 3~5 日后根据菌棒内含水量适量补水,以补至原料重的 80%~90%为准。补水后继续养菌,养菌时日以菌棒恢复到易于出菇的硬度和弹性为准。

4.6 病虫害防控

4.6.1 原则

a)应贯彻预防为主,综合防治的植保方针,优先使用农业和物理防控措施。

b)出菇期不宜使用化学农药。采用药物防治时,应使用登记使用范围包括食用菌的农药;不应使用未在食用菌上登记的农药和剧毒、高毒、高残留农药;采菇后施用,安全用药,合理用药。

c)严格环境药物消毒灭虫处理,药物不应直接接触菇体。

d)出菇期药物防治应严格执行安全间隔期,留足安全间隔期再行催蕾出菇,确保安全间隔期后采收。

4.6.2 综合防控措施

a)使用抗性强、优质丰产的品种。

b)应用低湿、低温、通风、低氮、清洁、石灰处理等措施综合防控杂菌侵染和病害。

c)应采用多项物理方法相结合防控虫害。通风处安装孔径为 0.21~0.25 米的防虫网;棚内挂黄色粘虫板,粘虫板距地面高度为 50 ~70 厘米,设置密度为每 10 平方米一块,及时更换;挂诱虫灯,悬挂高度为距顶层床架 30 厘米,每 100~120 平方米一盏,及时清理接虫袋。

d)环境卫生。栽培场地和周围环境应定期消毒灭虫,污染袋实施封闭式清除并进行灭活处理或运至远离菇房。

e)管理好通风口,防止外来虫源进入。

4.6.3 药剂防治

a)场所处理:产前产后应对菇房(棚)进行严格消毒和灭虫,方法同 4.1.4。

b)覆土材料和培养基质处理:方法参见附录 A。

c)出菇期:在需要采用药剂防治的情况下,应将菇体全部采收,然后进行药剂防治。施药后菇棚应密闭、保温、遮光,创造利于菌丝生长而不利于子实体形成的环境条件,一周后,再行催蕾管理。

4.7 采收、修整和包装

4.7.1 根据产品用途和市场需求,确定采收标准,及时采收,随手修整,现场分级,直接包装和预冷。减少菇体间的碰触和伤损,保持菇体完整。

4.7.2 采收者应穿工作衣帽、戴手套和口罩,卫生采收;采收人员不应佩戴饰品。

4.7.3 根据食用菌的类型、性状及特性等合理选择包装材料和包装技术,确保食用菌在物流过程中的质量和卫生安全。包装材料应符合国家相关食品安全和卫生法规和卫生安全。包装、标志应符合 GB/T 24616 的规定。

4.7.4 采菇后应及时清理料上和地面上的菇根、死菇等残留物。

4.8 保鲜、运输和储存

应选用低水保鲜、真空保鲜和低温保鲜;不应使用保鲜剂等食品添加剂。运输和储存应符合 GB/T 24616 的规定。食用菌鲜品应低温运输,冷藏车箱内温度应根据不同种类的要求设定。

附录A
（资料性附录）
食用菌生产中场所处理的常用方法

食用菌生产中场所处理的常用方法见表 A.1。

表 A.1　食用菌生产中场所处理的常用方法

名称	使用方法	适用对象
乙醇	75%，浸泡或涂擦	接种工具、子实体表面、接种台、菌种外包装、接种人员的手等
紫外灯	直接照射，紫外灯与被照射物距离不超过 1.5 米，每次 30 分钟以上	接种箱、接总台等，不应对菌种进行紫外照射消毒
	直接照射，离地面 2 米的 30 瓦灯可照射 9 平方米房间，每天照射 2~3 小时	接种室、冷却室等，不应对菌种进行紫外照射消毒
高锰酸钾/甲醛	（高锰酸钾 5 克+37%甲醛溶液 10 毫升）/平方米，加热熏蒸	培养室、无菌室、接种箱
高锰酸钾	0.1%~0.2%，涂擦	接种工具、子实体表面、接种台、菌种外包装等
酚皂液（来苏水）	0.5%~2%，喷雾	无菌室、接种箱、栽培房及床架
	1%~2%，涂擦	接种人员的手等皮肤
	3%，浸泡	接种器具
苯扎溴铵溶液（新洁尔灭）	0.25%~0.5%，浸泡、喷雾	接种人员的手等皮肤、培养室、无菌室、接种箱，不应用于器具消毒

（待续）

续表

名称	使用方法	适用对象
漂白粉	1%,现用现配,喷雾	栽培房和床架
	10%,现用现配,浸泡	接种工具、菌种外包装等
硫酸铜/石灰	硫酸铜 1 克+石灰 1 克+水 100 克,现用现配,喷雾,涂擦	栽培房、床架
磷化铝	56%片剂,5~7 克/平方米,密闭熏蒸	生产前和生产后场所灭虫处理,出菇期不应使用

附录 B
(资料性附录)
食用菌栽培基质常用化学添加剂种类、功效、用量和使用方法

食用菌栽培基质常用化学添加剂种类、功效、用量和使用方法见表 B.1。

表 B.1 食用菌栽培基质常用化学添加剂种类、功效、用量和使用方法

添加剂种类	功效、用量和使用方法
尿素	补充氮源。用量 0.1%~0.2%,均匀拌入料中
硫酸铵	补充氮源,用量 0.1%~0.2%,均匀拌入料中
碳酸氢铵	补充氮源,用量 0.2%~0.5%,均匀拌入料中
氰氨化钙	补充氮源和钙元素,用量 0.2%~0.5%,,均匀拌入料中
磷酸二氢钾	补充磷元素和钾元素,增加缓冲容量,0.05%~0.2%,均匀拌入料中

(待续)

续表

添加剂种类	功效、用量和使用方法
磷酸氢二钾	补充磷元素和钾元素,增加缓冲容量,0.05%~0.2%,均匀拌入料中
石灰	补充钙元素,提高酸碱度。抑制霉菌侵染,用量1%~5%,均匀拌入料中
石膏	补充钙元素和硫元素,增加缓冲容量,用量1%~2%,均匀拌入料中
碳酸钙	补充钙元素,增加缓冲容量,用量0.5%~1%,均匀拌入料中

附录 C
(资料性附录)
食用菌生产不允许使用的化学药剂

按照《中华人民共和国农药管理条例》,未登记的农药任何时期都不得在食用菌中使用;剧毒和高度农药不得在蔬菜生产中使用,食用菌作为蔬菜的一类应完全参照执行,不得在栽培基质中加入,也不得在生产期使用。

附录 D
(资料性附录)
在食用菌上登记可使用的化学药剂

在食用菌上登记可使用的化学药剂见表 D.1。

表 D.1 在食用菌上登记可使用的化学药剂

种类	防治对象	备注
二氯异氰尿酸钠	霉菌	按使用说明书的浓度、剂量和方法使用
咪鲜胺锰盐	双孢蘑菇褐腐病、白腐病和湿泡病	
噻菌灵	霉菌	
氯氰·甲维盐	菌蚊幼虫(菌蛆)、螨	

附录4 灵芝保护地栽培技术规范 DB 12/T 436—2010

(2010年9月27日发布,2010年11月1日实施)

1 范围

本标准规定了保护地代料栽培赤灵芝相关的菌种、培养、栽培、病虫害防治和子实体采收技术。

本标准适用于赤灵芝在保护地的生产。

2 规范性引用文件

下列文件对于本文件的应用是必不可少的。凡是注日期的引用文件,仅所注日期的版本适用于本文件。凡是不注日期的引用文件,其最新版本(包括所有的修改单)适用于本文件。

GB 4285 农药安全使用准则

GB 5749 生活饮用水卫生标准

GB/T 8321.1—2000 农药合理使用准则(一)

GB/T 8321.2—2000 农药合理使用准则(二)

GB/T 8321.3—2000　农药合理使用准则(三)

GB/T 8321.4—2006　农药合理使用准则(四)

GB/T 8321.5—2006　农药合理使用准则(五)

GB/T 8321.6—2000　农药合理使用准则(六)

GB/T 8321.7—2002　农药合理使用准则(七)

GB/T 8321.8—2007　农药合理使用准则(八)

NY 5099—2002　无公害食品　食用菌栽培基质安全技术要求

3　菌种要求

3.1　菌种具有适应性广、稳定性好、抗杂抗污能力强、产量高的特点。

3.2　菌种菌丝整齐粗壮,菌龄适宜,不含杂菌。

3.3　菌种在 4~5 ℃洁净恒温库或冰箱低温保藏。

4　生产场地与季节安排

4.1　生产场地

4.1.1　生产场地周围 300 米内无污染源,交通方便。

4.1.2　菌袋生产区布局合理,具有防虫、防鼠措施。

4.1.3　出芝保护地具备保温、保湿、通风、光线调节、排水管理功能。

4.2　季节安排

栽培季节安排在当地平均气温稳定在 18~23 ℃时开始栽培。天津地区在 4 月下旬到 5 月下旬适合安排进棚。

5　拌料与装袋

5.1　培养料配方参考见附录 A。培养料充分混合均匀,含水量控制在 62%~65%,灭菌前 pH 值为 7.0~7.5。使用的原料符合 NY 5099;用水符合 GB 5749。

5.2 料袋规格为幅宽 17 厘米、长 35 厘米、厚 0. 004~0. 005 厘米,单头折角袋或双头袋。常压灭菌使用聚乙烯塑料袋,高压灭菌使用聚丙烯塑料袋。

5.3 装袋分机械装袋和手工装袋,填料的松紧度适宜于菌丝生长。

6 灭菌

常压灭菌,料袋达到 100 ℃后,恒温维持 10~12 小时,停止加热后,保持密闭 12 小时。高压灭菌,压力维持在 0. 15~0. 17 兆帕,恒压维持 4 小时,停止加热后,保持密闭 12 小时。

7 接种

当灭菌灶内料袋温度降至 60~70 ℃时即取出,冷却至 28 ℃,按无菌操作规程进行接种。

8 发菌

8.1 发菌室洁净无杂物。

8.2 菌袋避光培养,光线控制在 50 勒以下。

8.3 控制袋间温度 24~26 ℃。

8.4 空气相对湿度保持 60%~70%。

8.5 做好通风管理,保证空气清新。

8.6 发菌期间定期检查,发现污染及时处理。

9 育芝管理

9.1 做垄

垄宽 30 ± 5 厘米,垄高 10 ± 5 厘米,垄间距 100 ± 5 厘米。

9.2 剪口

菌丝长满料袋时,沿扎口绳内侧剪下塑料袋口。

9.3 排袋

在垄上排 4~6 层菌袋。

9.4 温度

料袋剪口后,育芝棚温度以 25~28 ℃为宜。

9.5 湿度

菇蕾形成和菌盖生长期,空间湿度保持在 90%左右;子实体在生长阶段后期,盖边缘稍有嫩黄色时空间湿度降到 85%~90%;当灵芝接近成熟,表面有紫红色孢子粉弹射时,停止喷水。

9.6 通风

通风保持棚内空气新鲜。

9.7 光线

光线为均匀散射光;菇蕾形成时光线强度在 1000 勒左右;子实体即将形成菌盖时,光照强度为 2000~3000 勒。

9.8 病虫害防治

根据“预防为主,综合防治”的原则,以生态防治、物理防治为主,化学防治为辅，减少虫害入侵的机会，把病虫基数降低到最低限度。在使用化学防治时要遵循 GB 4285，GB/T8321 等标准。禁止使用的农药见附录 B，常用农药的合理使用方法见附录 C、附录 D。出菇期间严禁用药。

10 灵芝采收

10.1 采收期

灵芝成熟的标志是：菌盖边缘白色生长圈消失，菌盖充分展开，停止生长，菌盖变硬；菌盖由浅色变为黄色或褐色，柄盖颜色一致；菌盖表层下子实层内开始有孢子飞射时，及时采收。

10.2 方法采收

灵芝采收前停止喷水一周，采收时轻拿轻放；采收时，一手拿住菌盖边缘（不要触摸菌盖盖底），一手握剪芝工具，在灵芝菌柄基部留 0.5~1.0 厘米短柄在菌棒上；放置时菌盖朝上，菌柄朝下。

11 采后管理

采收灵芝后，继续进行育芝管理。一般共可采收二潮芝。

12 干制与贮存

灵芝采收后，去掉菌柄基部蒂头，干制使子实体含水量在 13%以下，包装贮存。

附录 A

（资料性附录）

灵芝栽培料配方

配方 1	木屑 78%、麸皮 20%、蔗糖 1%、石膏 1%
配方 2	棉籽皮 42%、木屑 41%、麸皮 15%、蔗糖 1%、石膏 1%
配方 3	木屑 30%、棉籽皮 27%、玉米芯 27%、麸皮 15%、石膏 1%
配方 4	棉籽皮 89%、麸皮 10%、石膏 1%

附录 B

（规范性附录）

食用菌生产禁止使用的化学农药

种类	农药名称
有机氯类	六六六（BHC）、滴滴涕（DDT）、氯丹（chlordane）、毒杀酚（toxaphene）、五氯酚钠（sodium pentachlorophenol）、三氯杀螨醇（dicofol）、杀螟威（chlorfenvinphos）、赛丹（endosulfan）

（待续）

续表

种类	农药名称
有机磷	甲基 1605（parathion methyl）、1605（parathion）、1059（systox）、甲胺磷（methzamidophos），乙酰甲胺磷（acephate）、久效磷（monocrotophos）、磷胺（phosphamidon）、异丙磷（lsopropylphos），三硫磷（carbophenothion）、氧化乐果（omethoate）、蝇毒磷（Coumaphos）、甲基异硫磷（isofenphos-methyl）、高渗氧乐果（omethoate）、增效甲胺磷（methamidophos）、喹硫磷（quinalphos）、高渗喹硫磷（Quinalphos E. C.，penetrating）、马甲磷（malathion and methamidophos）、乐胺磷（dimethoate）、速胺磷（metolcarb and methamidophos）、水胺硫磷（isocarbophos）、甲拌磷 3611（phorate）、大风雷（fonofos）、治螟磷（sulfotep）、叶胺磷（Methamidophos and Isoprocarb，E. C.）、克线磷（fenamiphos）、克线丹（sebufos）、磷化锌（zinc phosphide），氟化酰胺（Flutamide）、久敌（monocrotophos and trichlorfon）
氨基甲酸醋类	速灭畏（petroleum oils）、呋喃丹（carbofuran）、速扑沙（methidathion）、铁灭克（aldicard）、灭多威（methmyl）
熏蒸类	磷化铝（aluminium phosphide），氯化苦（chloropicrin）、二溴氯丙烷（dibromochloropropane）、二溴乙烷（dibromoethane）
其他杀虫剂	砒霜（arsenic）、苏化 203（sulfotep）、杀虫脒（chlordimeform）、西力生（ceresan）、赛力散（PMA）、益舒宝（ethoprophos）、速蚧克（methidathion）、杀螟灭（endosulfan）、氰化物（cyanide）、狄氏剂（dieldrin），401（抗菌素）（antibiotic 401）、普特丹（cyhexatin）、培福朗（guazatine acetate）、汞制剂（Mercurycompounds）

附录 C
（资料性附录）
常用消毒剂的使用方法及注意事项

品名	用途	使用浓度或用量	注意事项
酒精	手及器皿表面消毒，空间喷雾	75%	易燃，注意按试验室操作方法使用
高锰酸钾	皮肤、器械、器皿和室内等消毒	5 克/平方米，或 0.1%~0.2%的水溶液	随用随取，药液对铝制品有腐蚀作用
来苏尔	手及器皿表面消毒，空间喷雾	浸泡器皿用 3%水溶液时间 1 小时；2%的水溶液用于洗手和空间喷雾	亦称煤酚皂
新洁尔灭	皮肤和不耐热的器皿表面消毒	0.25%水溶液	
石炭酸	空间和表面消毒	5%水溶液	对皮肤有腐蚀作用
过氧乙酸	手和器械表面消毒，空间消毒（优于甲醛）	表面消毒，0.2%~0.5%的水溶液浸洗；空间消毒，先用 0.5%水溶液喷雾增湿，再用 20%药液 5 毫米/立方米熏蒸	
多菌灵	拌料或喷洒床畦消毒	按 1∶800~1∶500 与水配制成悬浊	遇碱性物质失效
硫磺	用于接种室、发菌室和菇房熏蒸消毒，防治细菌、真菌	15~20 克/立方米	先将墙面和地面喷水预湿。对金属有腐蚀作用

（待续）

续表

品名	用途	使用浓度或用量	注意事项
漂白粉	喷洒、浸泡和擦洗消毒,防治细菌	5%水溶液	对服装有腐蚀和脱色作用,防止溅到衣服上,注意皮肤和眼睛的保护
硫酸铜	菌床上局部杀菌或出菇场地的杀菌,防治真菌和细菌	5%水溶液	不能贮存于铁容器中
气雾消毒剂	用于接种室、发菌室和菇房熏蒸消毒,防治细菌、真菌	2 克/立方米,熏蒸	易燃。对金属有腐蚀作用

附录 D
(资料性附录)
主要农药防治对象及使用方法

名称	英文名称	防治对象	使用方法
敌敌畏	dichlorvos	菇蝇类、螨类	0.5%喷洒。100 平方米菇房用 1 kg 原液熏蒸。注意不能在出菇期用药,以避免出现药害
二嗪农	diazinon	菇蝇、菇蚊	每吨培养料用 20%乳剂 57 毫升
甲醛	formaldehyde	线虫	0. 5%喷洒。每立方米覆土 250~500 毫升
漂白粉	calcium hypochlorite	线虫	0.1%~1%悬浊液喷洒

(待续)

续表

名称	英文名称	防治对象	使用方法
除虫菊酯类	pyrethrins	菇蝇、菇蚊、蛆	见商品说明书
溴氰菊酯	deltamethrin	尖眼菌蚊、菇蝇、瘿蚊等	用 2.5%药剂稀释 3000~6000 倍喷洒蚊等
食盐	sodium chloride	蜗牛、蛞蝓等	5%的水溶液喷雾
敌百虫	trichlorphon	菇蝇、菇蚊	1∶（500~1000）倍的水液喷洒
拟除虫聚酯类药	synthetic pyrethroids	菇蝇、菇蚊、蛆	见商品说明书
杀螨砜	diphenyl sulfone	蜗类、小马陆弹尾虫	1∶（800~1000）倍的水液喷雾
茶籽饼	camellia pancake	蜗牛、蛞蝓等	1%的水液喷洒
氨水	ammonium hydroxide	害虫、螨类	17 度液熏蒸菇房，或加 50 倍水拌料
链霉素	streptomycin	革兰氏阴性细菌	1∶50 水溶液喷洒
金霉素	aureomycin	细菌	1∶（500~600）倍液喷洒

附录 5　灵芝林地栽培技术规范 DB12/T 439—2010

（2010 年 9 月 28 日发布，2010 年 11 月 1 日实施）

1　范围

本标准规定了菌种要求、生产场地选择、生产季节和灵芝（Ganoderma lucidum）林地栽培技术。

本标准适用于赤灵芝的林地栽培。

2 规范性引用文件

下列文件对于本文件的应用是必不可少的。凡是注日期的引用文件,仅所注日期的版本适用于本文件。凡是不注日期的引用文件,其最新版本(包括所有的修改单)适用于本文件。

GB 4285 农药安全使用准则

GB 5749 生活饮用水卫生标准

GB/T 8321.1—2000 农药合理使用准则(一)

GB/T 8321.2—2000 农药合理使用准则(二)

GB/T 8321.3—2000 农药合理使用准则(三)

GB/T 8321.4—2006 农药合理使用准则(四)

GB/T 8321.5—2006 农药合理使用准则(五)

GB/T 8321.6—2000 农药合理使用准则(六)

GB/T 8321.7—2002 农药合理使用准则(七)

GB/T 8321.8—2007 农药合理使用准则(八)

GB 15618 土壤环境质量标准

NY 5099—2002 无公害食品 食用菌栽培基质安全技术要求

3 菌种要求

3.1 菌种具有适应性广、稳定性好、抗杂抗污能力强、产量高的特点。

3.2 菌种菌丝整齐粗壮,菌龄适宜,不含杂菌。

3.3 菌种在 4~5 ℃洁净恒温库或冰箱低温保藏。

4 生产场地选择

4.1 生产场地周围 300 米无污染源,交通方便。

4.2 菌袋生产区应布局合理,具有防虫、防鼠措施。

4.3 出芝的林地要求地势平坦、有水源,树林的郁闭度 0.6~0.8,

行间距 4~8 米。同时要求林下有排水沟渠。林地土壤条件符合 GB 15618 规定。

5　生产季节

在天津地区，4 月下旬至 5 月初制作出芝菌袋，6 月中上旬进入林地进行出芝，7 月底至 9 月中旬可采收 1~2 批灵芝。

6　灵芝林地栽培技术

6.1　原料

6.1.1　灵芝生产中所使用的培养料应该符合 NY 5099 规定。

6.1.2　灵芝生产中所使用的水应符合 GB 5749 规定。

6.1.3　灵芝生产中用作覆土的土壤应符合 GB 15618 规定。

6.2　品种选择

所选灵芝品种要适合地区气候特点，同时具备抗病抗虫、抗逆性强、优质高产的品质。

6.3　菌袋制作

6.3.1　培养料配方参见附录 B。

6.3.2　培养料充分混合均匀，含水量为 62%~65%，灭菌前 pH 值为 7.0 ~7.5 。

6.3.3　料袋规格为幅宽 17 厘米、长 35 厘米、厚度 0.004~ 0.005 厘米。常压灭菌使用聚乙烯塑料袋，高压灭菌使用聚丙烯塑料袋。

6.3.4　常压灭菌时，料袋达到 100 ℃后维持 10~12 小时，停止加热后保持密闭 12 小时。高压灭菌时，压力维持在 0. 15~0. 17 兆帕，恒压维持 4 小时，停止加热后保持密闭 12 小时。

6.4 接种

当料袋温度降至 60~70 ℃时取出,冷却至 28 ℃,按照无菌操作规程进行接种。

6.5 发菌管理

6.5.1 发菌室洁净无杂物。

6.5.2 菌袋避光培养,光线控制在 50 勒以下。

6.5.3 控制袋间温度 24~26 ℃。

6.5.4 空气相对湿度保持 60%~70%。

6.5.5 做好通风管理,保证空气清新。

6.5.6 发菌期间定期检查,发现污染及时处理。

6.6 搭建拱棚

6.6.1 棚的宽度依据林地的行距而定,一般棚宽 3~4 米,棚顶高 1.5~1.8 米,长度不超过 30 米。棚中间留有 20~40 厘米宽的操作通道,通道部分要向下挖土约 20 厘米,便于管理和采芝。

6.6.2 搭棚用的竹竿、竹片要预先用 0. 1%高锰酸钾溶液(或 2%石灰水)浸泡消毒。

6.6.3 要有便利的喷雾系统,对棚内进行湿度控制。

6.7 育芝管理

6.7.1 做畦埋棒

畦宽约 1.2 米,深 20~25 厘米。选择阴天或早晨进行脱袋和埋棒。埋棒时菌袋竖立排放,菌袋间距 10~15 厘米。覆土要求粗细结合,厚度 2~3 厘米,覆土后浇足水。要求拱棚覆盖白色塑料棚膜。

6.7.2 温度

棚内温度控制在 25~28 ℃。

6.7.3　**湿度**

按时喷水,保持土壤湿润,相对湿度控制在80%~90%。出芝后,要喷雾状水。

6.7.4　**光照**

光线为均匀散射光。菇蕾形成时光线强度控制在1000勒左右;当子实体即将形成菌盖时,要增大光照度为2000~3000勒。

6.7.5　**空气**

通风保持棚内空气清新。

6.8　**病虫害防治**

根据“预防为主,综合防治”的原则,以生态防治、物理防治为主,化学防治为辅,杜绝或减少病虫害入侵的机会,把病虫基数降低到最低限度。在使用化学防治时要遵循GB 4285, GB/T 8321等标准。禁止使用的农药见附录A,常用农药的合理使用方法见附录C、附录D。出菇期间严禁用药。

6.9　**采收**

6.9.1　**采收期**

灵芝成熟的标志是菌盖边缘白色生长圈消失,菌盖充分展开,停止生长,菌盖变硬;菌盖由浅变黄色或褐色,柄盖颜色一致;菌盖下端子实层内开始孢子飞射时,及时采收。

6.9.2　**采收方法**

灵芝采收前一周停止喷水,采收时轻拿轻放。采收时,一手拿住菌盖边缘,一手握剪芝工具,在灵芝菌柄基部0. 5~1厘米处剪下。手不要接触子实层部位。

6.10 采后管理

第一潮采收后，继续进行育芝管理。一般共可采收两潮芝。

6.11 干制与贮藏

灵芝采收后，去掉菌柄基部蒂头，干制使子实体含水量在13%以下，包装贮存。

附录A
（规范性附录）
食用菌生产禁止使用的化学农药

种类	农药名称
有机氯类	六六六（BHC）、滴滴涕（DDT）、氯丹（chlordane）、毒杀酚（toxaphene）、五氯酚钠（sodium pentachlorophenol）、三氯杀螨醇（dicofol）、杀螟威（chlorfenvinphos）、赛丹（endosulfan）
有机磷	甲基1605（parathion methyl）、1605（parathion）、1059（systox）、甲胺磷（methzamidophos），乙酰甲胺磷（acephate）、久效磷（monocrotophos）、磷胺（phosphamidon）、异丙磷（lsopropylphos），三硫磷（carbophenothion）、氧化乐果（omethoate）、蝇毒磷（Coumaphos）、甲基异硫磷（isofenphos-methyl）、高渗氧乐果（omethoate）、增效甲胺磷（methamidophos）、喹硫磷（quinalphos）、高渗喹硫磷（Quinalphos E. C.，penetrating）、马甲磷（malathion and methamidophos）、乐胺磷（dimethoate）、速胺磷（metolcarb and methamidophos）、水胺硫磷（isocarbophos）、甲拌磷3611（phorate）、大风雷（fonofos）、治螟磷（sulfotep）、叶胺磷（Methamidophos and Isoprocarb，E. C.）、克线磷（fenamiphos）、克线丹（sebufos）、磷化锌（zinc phosphide），氟化酰胺（Flutamide）、久敌（monocrotophos and trichlorfon）
氨基甲酸醋类	速灭畏（petroleum oils）、呋喃丹（carbofuran）、速扑沙（methidathion）、铁灭克（aldicard）、灭多威（methmyl）

（待续）

续表

种类	农药名称
熏蒸类	磷化铝(aluminium phosphide),氯化苦(chloropicrin)、二溴氯丙烷(dibromochloropropane)、二溴乙烷(dibromoethane)
其他杀虫剂	砒霜(arsenic)、苏化203(sulfotep)、杀虫脒(chlordimeform)、西力生(ceresan)、赛力散(PMA)、益舒宝(ethoprophos)、速蚧克(methidathion)、杀螟灭(endosulfan)、氰化物(cyanide)、狄氏剂(dieldrin),401(抗菌素)(antibiotic 401)、普特丹(cyhexatin)、培福朗(guazatine acetate)、汞制剂(Mercurycompounds)

附录B
(资料性附录)
灵芝栽培料配方

配方1	木屑78%、麸皮20%、蔗糖1%、石膏1%
配方2	棉籽皮42%、木屑41%、鼓皮15%、蔗糖1%、石膏1%
配方3	木屑30%、棉籽皮27%、玉米芯27%、麸皮15%、石膏1%
配方4	棉籽皮89%、麸皮10%、石膏1%

附录C
(资料性附录)
常用消毒剂的使用方法及注意事项

品名	用途	使用浓度或用量	注意事项
酒精	手及器皿表面消毒,空间喷雾	75%	易燃,注意按试验室操作方法使用
高锰酸钾	皮肤、器械、器皿和室内等消毒	5克/平方米,或0.1%~0.2%的水溶液	随用随取,药液对铝制品有腐蚀作用

(待续)

续表

品名	用途	使用浓度或用量	注意事项
来苏尔	手及器皿表面消毒，空间喷雾	浸泡器皿用3%水溶液时间1小时；2%的水溶液用于洗手和空间喷雾	亦称煤酚皂
新洁尔灭	皮肤和不耐热的器皿表面消毒	0.25%水溶液	
石炭酸	空间和表面消毒	5%水溶液	对皮肤有腐蚀作用
过氧乙酸	手和器械表面消毒，空间消毒(优于甲醛)	表面消毒，0.2%~0.5%的水溶液浸洗；空间消毒，先用0.5%水溶液喷雾增湿，再用20%药液5毫升/立方米熏蒸	
多菌灵	拌料或喷洒床畦消毒	按1：800~1：500与水配制成悬浊	遇碱性物质失效
硫磺	用于接种室、发菌室和菇房熏蒸消毒，防治细菌、真菌	15~20克/立方米	先将墙面和地面喷水预湿。对金属有腐蚀作用
漂白粉	喷洒、浸泡和擦洗消毒，防治细菌	5%水溶液	对服装有腐蚀和脱色作用，防止溅到衣服上，注意皮肤和眼睛的保护
硫酸铜	菌床上局部杀菌或出菇场地的杀菌，防治真菌和细菌	5%水溶液	不能贮存于铁容器中
气雾消毒剂	用于接种室、发菌室和菇房熏蒸消毒，防治细菌、真菌	2克/立方米，熏蒸	易燃，对金属有腐蚀作用

附录D
（资料性附录）
主要农药防治对象及使用方法

名称	英文名称	防治对象	使用方法
敌敌畏	dichlorvos	菇蝇类、蜗类	0.5%喷洒，100平方米菇房用1千克原液熏蒸。注意不能在出菇期用药，以避免出现药害
二嗪农	diazinon	菇蝇、菇蚊	每吨培养料用20%乳剂57毫升
甲醛	formaldehyde	线虫	0.5%喷洒。每立方米覆土250~500毫升
漂白粉	calcium hypochlorite	线虫	0.1%~1%悬浊液喷洒
除虫菊酯类	pyrethrins	菇蝇、菇蚊、蛆	见商品说明书
溴氰菊酯	deltamethrin	尖眼菌蚊、菇蝇、瘿蚊等	用2.5%药剂稀释3000~6000倍喷洒蚊等
食盐	sodium chloride	蜗牛、蛞蝓等	5%的水溶液喷雾
敌百虫	trichlorphon	菇蝇、菇蚊	1：（500~1000）倍的水液喷洒
拟除虫菊酯类药	synthetic pyrethroids	菇蝇、菇蚊、蛆	见商品说明书
杀螨枫	diphenyl sulfone	蜗类、小马陆弹尾虫	1：（800~1000）倍的水液喷雾
茶籽饼	camellia pancake	蜗牛、蛞蝓等	1%的水液喷洒
氨水	ammonium hydroxide	害虫、螨类	17度液熏蒸菇房，或加50倍水拌料
链霉素	streptomycin	革兰氏阴性细菌	1：50水溶液喷洒
金霉素	aureomycin	细菌	1：（500~600）倍液喷洒

灵芝菌棒发菌

灵芝菌棒搔菌后

灵芝原基

大棚灵芝子实体形成初期 1

大棚灵芝子实体形成初期 2

灵芝子实体

灵芝子实体成熟前

大棚灵芝喷粉期

灵芝喷粉期

地栽灵芝

林下覆土栽培灵芝

盆栽灵芝

鹿角灵芝

黑灵芝

灵芝造型